基礎から 線形代数

池 田 敏 春 著

学術図書出版社

まえがき

本書は大学初年級の学生が基礎から線形代数を学ぶための入門書として書かれたものである．最近の多様化した学習経験をもつ学生への対応も考え，少ない予備知識でも読み進められるようにと心がけて執筆した．

線形代数は，理工系分野のみならず，社会科学やその他の分野を学ぶにも必須の道具となっており，その応用範囲は広い．本書では，その豊富な内容を網羅することは到底不可能なので，線形代数の入門書として重要と思われる概念や事柄を精選した．線形代数はつきつめれば，行列とベクトルの理論であるが，その計算に習熟して，たとえば，行列式，行列（階数），連立１次方程式，数ベクトル空間と線形写像が相互に深く関わり合いながら１つの線形代数の理論ができていることを，読んで味わっていただきたい．

本書では，理論の厳密性をなるべく損なわないよう，また，数学的な考え方に慣れる訓練の意味でも定理などの証明をなるべくつけるようにした．しかし，線形代数の計算ができることを第１に考えて，証明や＊印の項目は適宜とばす読み方もできる．そのときでも例と例題は本書の理解には欠かせない．これらと各節末の計算問題を解くことにより，定理や理論の本質がわかってくるということを覚えておいていただきたい．なお，高等学校で空間のベクトルについて学んだ学生は，第１章をとばして第２章から読み始めることもできる．

本書の執筆にあたり，多くのすぐれた類書を参考にさせていただきました．また，三村文武氏ならびに久保富士男氏からは，たびたび有益なご注意をいただきました．ここに感謝の意を表します．最後に，この出版の機会をいただいたうえ，ご面倒をおかけした学術図書出版社の発田孝夫氏をはじめ，編集，校正，印刷，製本などでお世話になった方々にも心からお礼申しあげます．

2002 年 9 月

池田 敏春

目　　次

1

空間のベクトル

1.1　ベクトルの和・スカラー倍

ベクトル　　平面または空間内の線分 PQ に，点 P を始点，点 Q を終点とする向きをつけたものを**有向線分** PQ という．有向線分 PQ のもつ向きと長さのみを考察の対象としてこれを $\overrightarrow{\mathrm{PQ}}$ で表し，有向線分 PQ の定める**幾何ベクトル**という．ここでは単に**ベクトル**と呼ぼう．ベクトルは有向線分のおかれた位置にはよらないので，有向線分 PQ と RS が平行移動によって（始点は始点に，終点は終点に）重なり合うときに限って，ベクトル $\overrightarrow{\mathrm{PQ}}$ と $\overrightarrow{\mathrm{RS}}$ は等しくなる．このとき，

$$\overrightarrow{\mathrm{PQ}} = \overrightarrow{\mathrm{RS}}$$

と書く．

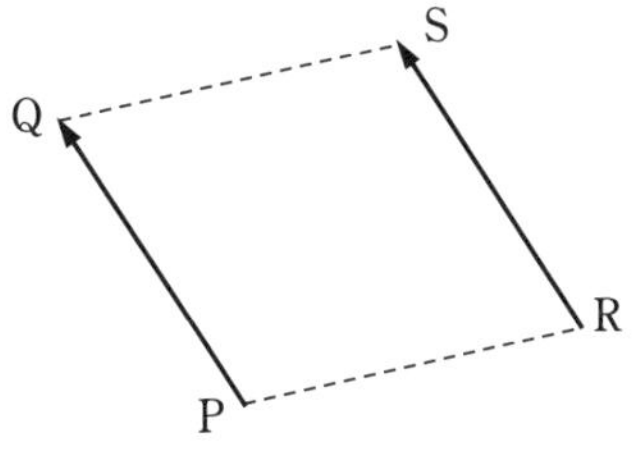

本書ではベクトルを表すのに，太字の小文字 $\boldsymbol{a}, \boldsymbol{b}, \boldsymbol{c}, \cdots, \boldsymbol{x}, \boldsymbol{y}, \boldsymbol{z}$ などを用いる．1 つのベクトル $\boldsymbol{a}$ と平面または空間内の任意の点 P に対して，$\boldsymbol{a} = \overrightarrow{\mathrm{PQ}}$ で表されるような点 Q がただ 1 つ存在する．$\boldsymbol{a} = \overrightarrow{\mathrm{PQ}}$ のとき，ベクトル $\boldsymbol{a}$ の**長さ**は線分 PQ の長さであり，これを $\|\boldsymbol{a}\|$ で表す．

ベクトル $\boldsymbol{a}$ と同じ長さで，向きが逆のベクトルを $\boldsymbol{a}$ の**逆ベクトル**といい，

$-\boldsymbol{a}$ で表す．$\boldsymbol{a} = \overrightarrow{\mathrm{PQ}}$ と表されるとき，$-\boldsymbol{a} = \overrightarrow{\mathrm{QP}}$ である．また特別に，$\boldsymbol{a} = \overrightarrow{\mathrm{PQ}}$ において，$\mathrm{P} = \mathrm{Q}$ のとき，$\boldsymbol{a}$ を長さが 0 で向きをもたないベクトルと考え，これを**零ベクトル**といい $\boldsymbol{o}$ で表す．

以下，空間におけるベクトルについて述べるが，平面におけるベクトルについても同様のことが成り立つ．

ベクトルの成分　空間に原点を O とする直交座標系 O-xyz を 1 つ定めておく．空間の各点 $\mathrm{A}(a_1, a_2, a_3)$ には，その座標である 3 つの実数の組 (a_1, a_2, a_3) が対応している．

空間の点 A に対して定まるベクトル $\overrightarrow{\mathrm{OA}}$ を A の**位置ベクトル**という．逆に，空間の各ベクトル $\boldsymbol{a}$ に対して，$\boldsymbol{a}$ を位置ベクトルにもつ点 A が定まり，したがって，その座標である実数の組 (a_1, a_2, a_3) がただ 1 つ定まる．そこで，ベクトル $\boldsymbol{a}$ と実数の組 (a_1, a_2, a_3) を同一視することにして，本書では

$$\boldsymbol{a} = \begin{pmatrix} a_1 \\ a_2 \\ a_3 \end{pmatrix} \tag{1.1}$$

と書く．a_1, a_2, a_3 をベクトル $\boldsymbol{a}$ の与えられた座標系に関する**成分**といい，(1.1) を $\boldsymbol{a}$ の**成分表示**という．またこのとき，ベクトル $\boldsymbol{a}$ の長さはピタゴラスの定理により

$$\|\boldsymbol{a}\| = \sqrt{{a_1}^2 + {a_2}^2 + {a_3}^2} \tag{1.2}$$

で与えられる．長さ 1 のベクトルを**単位ベクトル**といい，とくに次の単位ベクトル

$$\boldsymbol{e}_1 = \begin{pmatrix} 1 \\ 0 \\ 0 \end{pmatrix}, \quad \boldsymbol{e}_2 = \begin{pmatrix} 0 \\ 1 \\ 0 \end{pmatrix}, \quad \boldsymbol{e}_3 = \begin{pmatrix} 0 \\ 0 \\ 1 \end{pmatrix}$$

を**基本ベクトル**という．

xy 平面における点には，座標である 2 つの実数値が対応しているので，平面におけるベクトルは $\begin{pmatrix} a_1 \\ a_2 \end{pmatrix}$ のように 2 つの成分により成分表示される．

例 1.1 空間の 2 点 $A(a_1, a_2, a_3)$，$B(b_1, b_2, b_3)$ に対して，ベクトル $\overrightarrow{AB}$ の成分表示を求めよう．

$\overrightarrow{AB} = \begin{pmatrix} c_1 \\ c_2 \\ c_3 \end{pmatrix}$ とする．ある平行移動 $(x_1, x_2, x_3) \longmapsto (x_1+d_1, x_2+d_2, x_3+d_3)$ により，有向線分 AB は O を始点とする有向線分 OC に移される．$\overrightarrow{AB} = \overrightarrow{OC}$ より C の座標は (c_1, c_2, c_3) であるので，

$$a_i + d_i = 0, \quad b_i + d_i = c_i \quad (i = 1, 2, 3).$$

これより $c_i = b_i - a_i$ $(i = 1, 2, 3)$ なので，結局ベクトル $\overrightarrow{AB}$ は次のように成分表示される．

$$\overrightarrow{AB} = \begin{pmatrix} b_1 - a_1 \\ b_2 - a_2 \\ b_3 - a_3 \end{pmatrix}. \qquad (1.3)$$ ▓

▓ **ベクトルの和** ▓　2 つのベクトル $\boldsymbol{a}$ と $\boldsymbol{b}$ に対して，空間内に 3 点 P, Q, R を $\boldsymbol{a} = \overrightarrow{PQ}$，$\boldsymbol{b} = \overrightarrow{QR}$ となるようにとったとき，ベクトル $\boldsymbol{p} = \overrightarrow{PR}$ をベクトル $\boldsymbol{a}$ と $\boldsymbol{b}$ の**和**といい，$\boldsymbol{p} = \boldsymbol{a} + \boldsymbol{b}$ と書き表す．

$\boldsymbol{a}$ と $\boldsymbol{b}$ の成分表示を $\boldsymbol{a} = \begin{pmatrix} a_1 \\ a_2 \\ a_3 \end{pmatrix}$，$\boldsymbol{b} = \begin{pmatrix} b_1 \\ b_2 \\ b_3 \end{pmatrix}$ とするとき，(1.3) を用いることにより $\boldsymbol{a} + \boldsymbol{b}$ の成分表示は次のようになることがわかる．

$$\boldsymbol{a} + \boldsymbol{b} = \begin{pmatrix} a_1 + b_1 \\ a_2 + b_2 \\ a_3 + b_3 \end{pmatrix}. \qquad (1.4)$$

次ページの図で確かめられるように，また成分表示を用いても明らかなように，ベクトルの和に関して次の基本的性質が成り立つ．

$$\boldsymbol{a} + \boldsymbol{b} = \boldsymbol{b} + \boldsymbol{a}, \qquad (1.5)$$

$$(\boldsymbol{a} + \boldsymbol{b}) + \boldsymbol{c} = \boldsymbol{a} + (\boldsymbol{b} + \boldsymbol{c}). \qquad (1.6)$$

ベクトル $\boldsymbol{a}$ と $\boldsymbol{b}$ に対して，$\boldsymbol{a} + (-\boldsymbol{b})$ を $\boldsymbol{a} - \boldsymbol{b}$ で表し，$\boldsymbol{a}$ から $\boldsymbol{b}$ を引いた**差**という．

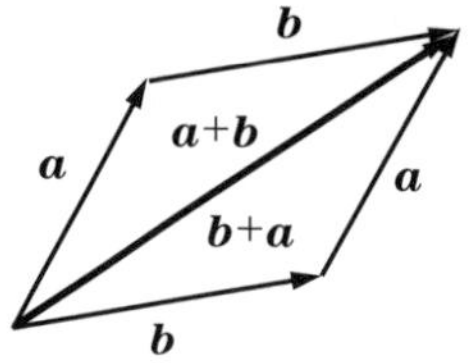

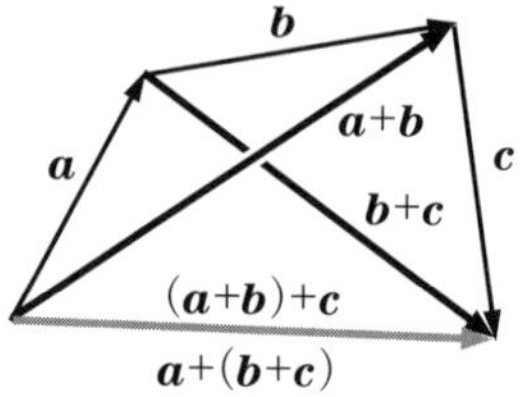

▒ベクトルのスカラー倍▒　実数をベクトルと区別して，**スカラー**と呼ぶ．ベクトル $\boldsymbol{a}$($\neq \boldsymbol{o}$)とスカラー c に対して，$\boldsymbol{a}$ の**スカラー倍** $c\boldsymbol{a}$ を次のように定める．

（1）　$c>0$ のとき，$\boldsymbol{a}$ と同じ向きで，長さが $\boldsymbol{a}$ の c 倍のベクトル

（2）　$c<0$ のとき，$\boldsymbol{a}$ と逆の向きで，長さが $\boldsymbol{a}$ の $(-c)$ 倍のベクトル

（3）　$c=0$ のとき，零ベクトル $\boldsymbol{o}$.

とくに，(2) より $(-1)\boldsymbol{a}=-\boldsymbol{a}$ である．また，零ベクトル $\boldsymbol{o}$ については，任意の c に対して $c\boldsymbol{o}=\boldsymbol{o}$ と定める．

空間の点 $\mathrm{A}(a_1, a_2, a_3)$ に対して，$c\overrightarrow{\mathrm{OA}}=\overrightarrow{\mathrm{OB}}$ をみたす点 B の座標は，(ca_1, ca_2, ca_3) となる．したがって，ベクトルのスカラー倍を成分表示を用いて表せば，

$$c\begin{pmatrix} a_1 \\ a_2 \\ a_3 \end{pmatrix} = \begin{pmatrix} ca_1 \\ ca_2 \\ ca_3 \end{pmatrix} \tag{1.7}$$

となる．成分表示を用いることにより，ベクトルのスカラー倍について次の基本的性質の成り立つことが容易に確かめられる．($\boldsymbol{a}, \boldsymbol{b}$ はベクトル，c, d はスカラーとする．)

$$c(\boldsymbol{a}+\boldsymbol{b}) = c\boldsymbol{a}+c\boldsymbol{b}, \tag{1.8}$$

$$(c+d)\boldsymbol{a} = c\boldsymbol{a}+d\boldsymbol{a}, \tag{1.9}$$

$$(cd)\boldsymbol{a} = c(d\boldsymbol{a}). \tag{1.10}$$

次の例のような計算を図形により確かめるのは，かなり面倒である．しかし，基本的性質 (1.8)～(1.10) を用いると容易である．

例 1.2　$2(3\boldsymbol{a}-\boldsymbol{b})-3(-\boldsymbol{a}+2\boldsymbol{b}) = 6\boldsymbol{a}-2\boldsymbol{b}+3\boldsymbol{a}-6\boldsymbol{b} = 9\boldsymbol{a}-8\boldsymbol{b}$.　▒

問　題

1.1　空間内に 2 点 $P(1, -2, 3)$，$Q(4, 0, 2)$ がある．

（1）　ベクトル $\overrightarrow{PQ}$ を成分表示し，$\overrightarrow{PQ}$ の長さを求めよ．

（2）　座標が $(a+4, a+3, a)$ である点 R の位置ベクトルが $a\overrightarrow{PQ}$ の逆ベクトルに等しくなるときの a の値を求めよ．

1.2　空間内の三角形 ABC の辺 BC の中点を D とする．$\boldsymbol{a} = \overrightarrow{AD}$，$\boldsymbol{b} = \overrightarrow{BC}$ としたとき，$\overrightarrow{AB}, \overrightarrow{AC}$ を $\boldsymbol{a}, \boldsymbol{b}$ を用いて表せ．

1.3　$\boldsymbol{a}+\boldsymbol{b} = \begin{pmatrix} 3 \\ 2 \\ -1 \end{pmatrix}$，$2\boldsymbol{a}-3\boldsymbol{b} = \begin{pmatrix} -4 \\ -1 \\ 8 \end{pmatrix}$ であるとき，$\boldsymbol{a}, \boldsymbol{b}$ およびそれぞれと同じ向きの単位ベクトル $\boldsymbol{e}, \boldsymbol{f}$ を求めよ．

1.4　次の等式をみたすスカラー x, y を求めよ．

（1）　$x\begin{pmatrix} 1 \\ 1 \end{pmatrix}+y\begin{pmatrix} -2 \\ 3 \end{pmatrix} = \begin{pmatrix} -1 \\ 5 \end{pmatrix}$　　（2）　$2\begin{pmatrix} x+y \\ y+1 \\ x-3 \end{pmatrix} = x\begin{pmatrix} 1 \\ 2 \\ -3 \end{pmatrix}-(y+1)\begin{pmatrix} 1 \\ 0 \\ 7 \end{pmatrix}$

1.5　$\boldsymbol{a} = \begin{pmatrix} 0 \\ 1 \\ 2 \end{pmatrix}$，$\boldsymbol{b} = \begin{pmatrix} -1 \\ 2 \\ 1 \end{pmatrix}$ とする．スカラー t に対して $\|\boldsymbol{a}+t\boldsymbol{b}\|$ のとる値の最小値を求めよ．

1.2　ベクトルの内積と外積

ここでは，ベクトルの内積と外積を定義する．空間において，長さ，角，面積，体積などがそれらによりどのように表されるかもみてみよう．

内　積　　成分表示が $\boldsymbol{a} = \begin{pmatrix} a_1 \\ a_2 \\ a_3 \end{pmatrix}$，$\boldsymbol{b} = \begin{pmatrix} b_1 \\ b_2 \\ b_3 \end{pmatrix}$ である 2 つのベクトル $\boldsymbol{a}$ と $\boldsymbol{b}$ の**内積** $(\boldsymbol{a}, \boldsymbol{b})$ を

$$(\boldsymbol{a}, \boldsymbol{b}) = a_1b_1+a_2b_2+a_3b_3 \tag{1.11}$$

と定義する．$(\boldsymbol{a}, \boldsymbol{b})$ はベクトルではなく，1 つのスカラーになるので**スカラー積**とも呼ばれる．$\boldsymbol{a} = \boldsymbol{b}$ のとき，$(\boldsymbol{a}, \boldsymbol{a}) = \|\boldsymbol{a}\|^2$ であることに注意しよう．

$\boldsymbol{a}, \boldsymbol{b}$ を $\boldsymbol{o}$ でない 2 つのベクトルとし，2 点 A, B を $\boldsymbol{a} = \overrightarrow{OA}$，$\boldsymbol{b} = \overrightarrow{OB}$ となるようにとる．$\angle AOB = \theta\ (0 \leqq \theta \leqq \pi)$ をベクトル $\boldsymbol{a}, \boldsymbol{b}$ のなす**角**という．

いま三角形 OAB において余弦定理を用いると，

$$\|\boldsymbol{a}\|\,\|\boldsymbol{b}\|\cos\theta = \frac{1}{2}(\|\boldsymbol{a}\|^2+\|\boldsymbol{b}\|^2-\|\boldsymbol{a}-\boldsymbol{b}\|^2) \tag{1.12}$$

である．$\boldsymbol{a} = \begin{pmatrix} a_1 \\ a_2 \\ a_3 \end{pmatrix}$，$\boldsymbol{b} = \begin{pmatrix} b_1 \\ b_2 \\ b_3 \end{pmatrix}$ とするとき，$\boldsymbol{a}-\boldsymbol{b} = \begin{pmatrix} a_1-b_1 \\ a_2-b_2 \\ a_3-b_3 \end{pmatrix}$ であり，

$$\|\boldsymbol{a}\|^2 = {a_1}^2+{a_2}^2+{a_3}^2, \quad \|\boldsymbol{b}\|^2 = {b_1}^2+{b_2}^2+{b_3}^2,$$
$$\|\boldsymbol{a}-\boldsymbol{b}\|^2 = (a_1-b_1)^2+(a_2-b_2)^2+(a_3-b_3)^2$$

なので，(1.12) の右辺は，$a_1b_1+a_2b_2+a_3b_3$ となる．したがって，内積 $(\boldsymbol{a}, \boldsymbol{b})$ は

$$(\boldsymbol{a}, \boldsymbol{b}) = \|\boldsymbol{a}\|\,\|\boldsymbol{b}\|\cos\theta \tag{1.13}$$

となり，2 つのベクトルの長さと 2 つのベクトルのなす角により表される．このことは，(1.11) の内積の定義が直交座標系のとり方によらないことの保証になっている．

2 つの $\boldsymbol{o}$ でないベクトル $\boldsymbol{a}, \boldsymbol{b}$ について，$(\boldsymbol{a}, \boldsymbol{b}) = 0$ であるとき，(1.13) から $\theta = \pi/2$ となるので，$\boldsymbol{a}$ と $\boldsymbol{b}$ は**直交する**といい，

$$\boldsymbol{a} \perp \boldsymbol{b}$$

と書く．また，$\boldsymbol{b} = c\boldsymbol{a}$（または $\boldsymbol{a} = c\boldsymbol{b}$）となる実数 c（$\neq 0$）があるとき，$\theta = 0$ または π となるので，$\boldsymbol{a}, \boldsymbol{b}$ は**平行**であるという．零ベクトル $\boldsymbol{o}$ については，すべてのベクトルと直交かつ平行とみなすことにする．

▒ 平行四辺形の面積 ▒　$\boldsymbol{a} = \overrightarrow{\mathrm{OA}}$，$\boldsymbol{b} = \overrightarrow{\mathrm{OB}}$ であるとき，OA, OB を 2 辺とする平行四辺形を $\boldsymbol{a}, \boldsymbol{b}$ の張る平行四辺形という．この平行四辺形の面積 S を求めてみよう．

$\boldsymbol{a}$ と $\boldsymbol{b}$ のなす角を θ とすると，$S = \|\boldsymbol{a}\|\,\|\boldsymbol{b}\|\sin\theta$ である．したがって，

$$S^2 = \|\boldsymbol{a}\|^2\,\|\boldsymbol{b}\|^2(1-\cos^2\theta) = \|\boldsymbol{a}\|^2\,\|\boldsymbol{b}\|^2-(\boldsymbol{a}, \boldsymbol{b})^2$$

であり，$S \geqq 0$ なので

$$S = \sqrt{\|\boldsymbol{a}\|^2\,\|\boldsymbol{b}\|^2-(\boldsymbol{a}, \boldsymbol{b})^2} \tag{1.14}$$

となる．成分表示を $\boldsymbol{a}=\begin{pmatrix}a_1\\a_2\\a_3\end{pmatrix}$, $\boldsymbol{b}=\begin{pmatrix}b_1\\b_2\\b_3\end{pmatrix}$ とすると，

$$
\begin{aligned}
S &= \sqrt{(a_1{}^2+a_2{}^2+a_3{}^2)(b_1{}^2+b_2{}^2+b_3{}^2)-(a_1b_1+a_2b_2+a_3b_3)^2}\\
&= \sqrt{(a_2b_3-a_3b_2)^2+(a_3b_1-a_1b_3)^2+(a_1b_2-a_2b_1)^2} \qquad (1.15)
\end{aligned}
$$

となる．

例 1.3 空間内の 3 点 P(1, 2, 3)，Q(2, 4, 4)，R(3, 3, 5) に対して，$\angle \mathrm{RPQ}=\theta$ としたときの $\cos\theta$ の値と三角形 PQR の面積 S を求めてみよう．

$\overrightarrow{\mathrm{PQ}}=\begin{pmatrix}1\\2\\1\end{pmatrix}$, $\overrightarrow{\mathrm{PR}}=\begin{pmatrix}2\\1\\2\end{pmatrix}$ であるので，

$$
\begin{aligned}
&\|\overrightarrow{\mathrm{PQ}}\| = \sqrt{1^2+2^2+1^2} = \sqrt{6}, \quad \|\overrightarrow{\mathrm{PR}}\| = \sqrt{2^2+1^2+2^2} = 3,\\
&(\overrightarrow{\mathrm{PQ}}, \overrightarrow{\mathrm{PR}}) = 1\cdot 2+2\cdot 1+1\cdot 2 = 6.
\end{aligned}
$$

したがって

$$
\cos\theta = \frac{(\overrightarrow{\mathrm{PQ}}, \overrightarrow{\mathrm{PR}})}{\|\overrightarrow{\mathrm{PQ}}\|\,\|\overrightarrow{\mathrm{PR}}\|} = \frac{2}{\sqrt{6}}.
$$

また，S は $\overrightarrow{\mathrm{PQ}}$ と $\overrightarrow{\mathrm{PR}}$ の張る平行四辺形の面積の 1/2 より

$$
S = \frac{1}{2}\sqrt{\|\overrightarrow{\mathrm{PQ}}\|^2\,\|\overrightarrow{\mathrm{PR}}\|^2-(\overrightarrow{\mathrm{PQ}},\ \overrightarrow{\mathrm{PR}})^2} = \frac{3\sqrt{2}}{2}.
$$

■

$\boldsymbol{a}, \boldsymbol{b}$ が平面のベクトルで，その成分表示が $\boldsymbol{a}=\begin{pmatrix}a_1\\a_2\end{pmatrix}$, $\boldsymbol{b}=\begin{pmatrix}b_1\\b_2\end{pmatrix}$ のとき，(1.15) において $a_3=b_3=0$ と考えれば，$\boldsymbol{a}$ と $\boldsymbol{b}$ の張る平行四辺形の面積は $|a_1b_2-a_2b_1|$ となる．

ここに現れる式 $a_1b_2-a_2b_1$ の値を次のような記号

$$
\begin{vmatrix} a_1 & b_1 \\ a_2 & b_2 \end{vmatrix}
$$

で表し，**2 次の行列式**という．簡単に $|\boldsymbol{a}\ \ \boldsymbol{b}|$ とも書く．これを用いて (1.15) は

$$S = \sqrt{\begin{vmatrix} a_2 & b_2 \\ a_3 & b_3 \end{vmatrix}^2 + \begin{vmatrix} a_1 & b_1 \\ a_3 & b_3 \end{vmatrix}^2 + \begin{vmatrix} a_1 & b_1 \\ a_2 & b_2 \end{vmatrix}^2}$$

と表される．

注意 1.1　平面の位置ベクトル $\boldsymbol{a}, \boldsymbol{b}$ の張る平行四辺形の面積が 0 でないとする．$\boldsymbol{a}$ の成分を $a_1 = \|\boldsymbol{a}\| \cos\alpha$，$a_2 = \|\boldsymbol{a}\| \sin\alpha$ で，$\boldsymbol{b}$ の成分を $b_1 = \|\boldsymbol{b}\| \cos(\alpha+\theta)$，$b_2 = \|\boldsymbol{b}\| \sin(\alpha+\theta)$ で表したとき $(-\pi < \theta < \pi)$，

$$a_1 b_2 - a_2 b_1 = \|\boldsymbol{a}\| \|\boldsymbol{b}\| (\cos\alpha \sin(\alpha+\theta) - \sin\alpha \cos(\alpha+\theta)) = \|\boldsymbol{a}\| \|\boldsymbol{b}\| \sin\theta.$$

よって，第 1 のベクトル $\boldsymbol{a}$ を原点中心に θ 回転して第 2 のベクトル $\boldsymbol{b}$ に重ねるのに，回転の方向の正負と 2 次行列式 $\begin{vmatrix} a_1 & b_1 \\ a_2 & b_2 \end{vmatrix}$ の正負は一致する．したがって，2 次の行列式は向きつき平行四辺形の符号つき面積と考えられる．

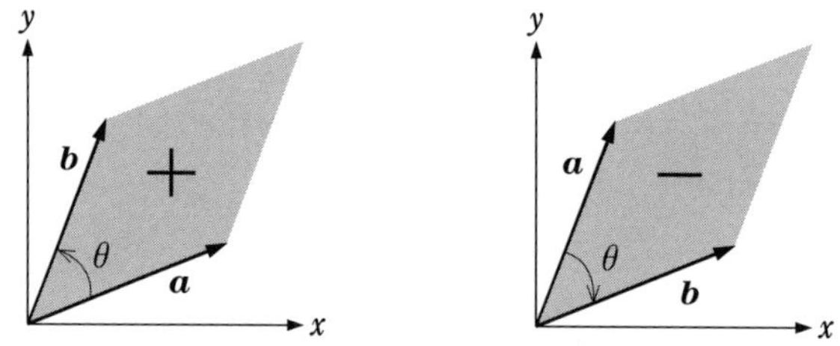

符号つき面積 $|\boldsymbol{a}\ \boldsymbol{b}|$

外　積　成分表示が $\boldsymbol{a} = \begin{pmatrix} a_1 \\ a_2 \\ a_3 \end{pmatrix}$，$\boldsymbol{b} = \begin{pmatrix} b_1 \\ b_2 \\ b_3 \end{pmatrix}$ である 2 つのベクトル $\boldsymbol{a}$ と $\boldsymbol{b}$ に対して，成分が $\begin{vmatrix} a_2 & b_2 \\ a_3 & b_3 \end{vmatrix}$，$-\begin{vmatrix} a_1 & b_1 \\ a_3 & b_3 \end{vmatrix}$，$\begin{vmatrix} a_1 & b_1 \\ a_2 & b_2 \end{vmatrix}$ であるベクトルを $\boldsymbol{a}$ と $\boldsymbol{b}$ の**外積**または**ベクトル積**といい，$\boldsymbol{a} \times \boldsymbol{b}$ で表す．すなわち，

$$\boldsymbol{a} \times \boldsymbol{b} = \begin{pmatrix} a_2 b_3 - a_3 b_2 \\ a_3 b_1 - a_1 b_3 \\ a_1 b_2 - a_2 b_1 \end{pmatrix}. \tag{1.16}$$

外積 $\boldsymbol{a} \times \boldsymbol{b}$ の定義と (1.14), (1.15) から，

$$\|\boldsymbol{a} \times \boldsymbol{b}\| = \boldsymbol{a} \text{ と } \boldsymbol{b} \text{ の張る平行四辺形の面積}$$

$$= \sqrt{\|\boldsymbol{a}\|^2 \|\boldsymbol{b}\|^2 - (\boldsymbol{a}, \boldsymbol{b})^2} \tag{1.17}$$

がわかる．また，

$$(\boldsymbol{a}, \boldsymbol{a}\times\boldsymbol{b}) = a_1(a_2b_3-a_3b_2)+a_2(a_3b_1-a_1b_3)+a_3(a_1b_2-a_2b_1)=0,$$

$$(\boldsymbol{b}, \boldsymbol{a}\times\boldsymbol{b}) = b_1(a_2b_3-a_3b_2)+b_2(a_3b_1-a_1b_3)+b_3(a_1b_2-a_2b_1)=0$$

より，

$$\boldsymbol{a}\perp\boldsymbol{a}\times\boldsymbol{b} \quad \text{かつ} \quad \boldsymbol{b}\perp\boldsymbol{a}\times\boldsymbol{b} \tag{1.18}$$

である．

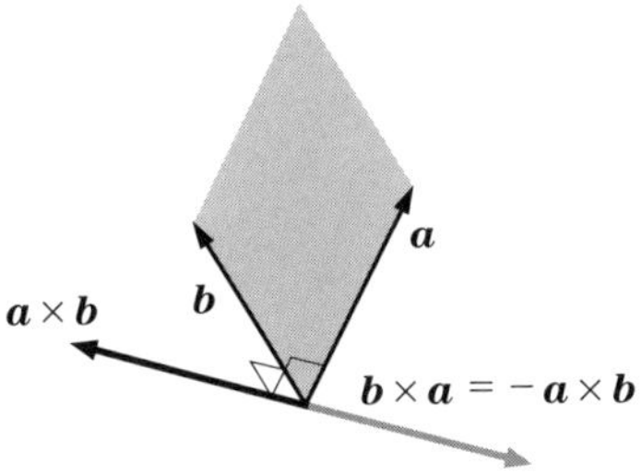

注意 1.2　上のことから，$\boldsymbol{a}\times\boldsymbol{b}$ は，$\boldsymbol{o}$ でないとき，$\boldsymbol{a}, \boldsymbol{b}$ に直交し長さが決まるので，2 つの向きの可能性を除いて幾何的に定まる．実際のその向きは，位置ベクトル $\boldsymbol{a}$ を $\boldsymbol{b}$ に向けて原点中心に（小さい角の方へ）回したとき，右ねじの進む向きになっている．

平行六面体の体積　$\boldsymbol{a}=\overrightarrow{\mathrm{OA}}$，$\boldsymbol{b}=\overrightarrow{\mathrm{OB}}$，$\boldsymbol{c}=\overrightarrow{\mathrm{OC}}$ のとき，OA, OB, OC を 3 辺にもつ平行六面体を $\boldsymbol{a}, \boldsymbol{b}, \boldsymbol{c}$ の張る平行六面体という．この体積 V は

$$V = |(\boldsymbol{a}, \boldsymbol{b}\times\boldsymbol{c})| \tag{1.19}$$

であることが次のようにわかる．

平行六面体の底面と考えられる $\boldsymbol{b}, \boldsymbol{c}$ の張る平行四辺形の面積は，$\|\boldsymbol{b}\times\boldsymbol{c}\|$ で

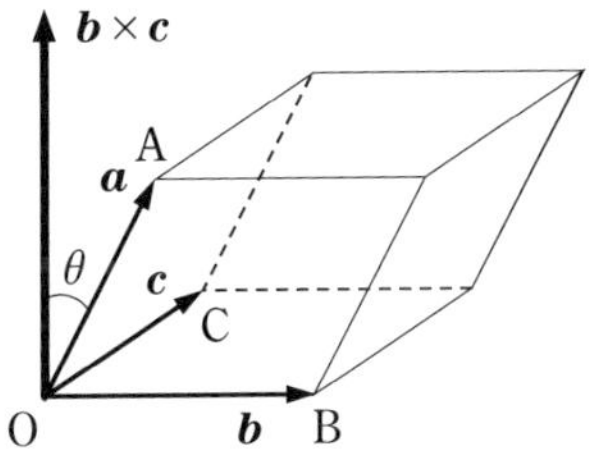

ある．$\boldsymbol{b}\times\boldsymbol{c}$ と $\boldsymbol{a}$ のなす角を θ $(0 \leqq \theta \leqq \pi)$ とすると，この六面体の高さは $\|\boldsymbol{a}\|\,|\cos\theta|$ になる．したがって，

$$V = \|\boldsymbol{b}\times\boldsymbol{c}\|\,\|\boldsymbol{a}\|\,|\cos\theta| = |(\boldsymbol{a}, \boldsymbol{b}\times\boldsymbol{c})|$$

である．

$$\boldsymbol{a} = \begin{pmatrix} a_1 \\ a_2 \\ a_3 \end{pmatrix},\quad \boldsymbol{b} = \begin{pmatrix} b_1 \\ b_2 \\ b_3 \end{pmatrix},\quad \boldsymbol{c} = \begin{pmatrix} c_1 \\ c_2 \\ c_3 \end{pmatrix}$$ と成分表示すれば，

$$\begin{aligned}(\boldsymbol{a}, \boldsymbol{b}\times\boldsymbol{c}) &= a_1(b_2c_3 - c_2b_3) - a_2(b_1c_3 - c_1b_3) + a_3(b_1c_2 - c_1b_2) \\ &= a_1b_2c_3 + b_1c_2a_3 + c_1a_2b_3 - a_1c_2b_3 - b_1a_2c_3 - c_1b_2a_3 \qquad (1.20)\end{aligned}$$

となる．この式の値を次のような記号

$$\begin{vmatrix} a_1 & b_1 & c_1 \\ a_2 & b_2 & c_2 \\ a_3 & b_3 & c_3 \end{vmatrix}$$

で表して，**3 次の行列式**という．これを簡単に $|\,\boldsymbol{a}\ \ \boldsymbol{b}\ \ \boldsymbol{c}\,|$ とも書き，ベクトル $\boldsymbol{a}, \boldsymbol{b}, \boldsymbol{c}$ の**スカラー 3 重積**ともいう．

例 1.4　空間内の 3 点 P(1, 1, 1)，Q(2, 3, 1)，R(3, 1, 2) とするとき，$\overrightarrow{\mathrm{OP}}, \overrightarrow{\mathrm{OQ}}, \overrightarrow{\mathrm{OR}}$ の張る平行六面体の体積 V を求めてみよう．

$$\begin{aligned}|\overrightarrow{\mathrm{OP}}\ \ \overrightarrow{\mathrm{OQ}}\ \ \overrightarrow{\mathrm{OR}}| = \begin{vmatrix} 1 & 2 & 3 \\ 1 & 3 & 1 \\ 1 & 1 & 2 \end{vmatrix} &= 1\cdot3\cdot2 + 2\cdot1\cdot1 + 3\cdot1\cdot1 - 1\cdot1\cdot1 - 2\cdot1\cdot2 - 3\cdot3\cdot1 \\ &= -3.\end{aligned}$$

したがって，$V = 3$ である．■

注意 1.3　ベクトル $\boldsymbol{a}, \boldsymbol{b}, \boldsymbol{c}$ の張る平行六面体の体積が 0 でないとする．第 1 のベクトル $\boldsymbol{a}$ と第 2，第 3 のベクトルの外積 $\boldsymbol{b}\times\boldsymbol{c}$ のなす角 θ $(0 \leqq \theta \leqq \pi)$ が，それぞれ $\theta < \pi/2$，$\theta > \pi/2$ のときに応じて，$\boldsymbol{a}, \boldsymbol{b}, \boldsymbol{c}$ は，それぞれ正系，負系であるという．これは 3 次の行列式 $|\,\boldsymbol{a}\ \ \boldsymbol{b}\ \ \boldsymbol{c}\,| = \|\boldsymbol{a}\|\,\|\boldsymbol{b}\times\boldsymbol{c}\|\cos\theta$ の正負と一致する．したがって，3 次の行列式は向きつき平行六面体の符号つき体積と考えられる．

問　題

1.6　$\boldsymbol{a}=\begin{pmatrix}-1\\3\\1\end{pmatrix}$, $\boldsymbol{b}=\begin{pmatrix}3\\1\\2\end{pmatrix}$, $\boldsymbol{c}=\begin{pmatrix}1\\1\\1\end{pmatrix}$とする.

（1）　$\boldsymbol{a}+t\boldsymbol{b}$ と $\boldsymbol{c}$ が平行となるような t の値を求めよ.

（2）　$\boldsymbol{a}+t\boldsymbol{b}$ と $t\boldsymbol{a}-\boldsymbol{b}$ が直交するような t の値を求めよ.

1.7　ベクトルの内積について次の等式を示せ.

（1）　$(\boldsymbol{a}, \boldsymbol{b})=(\boldsymbol{b}, \boldsymbol{a})$

（2）　$(\boldsymbol{a}+\boldsymbol{b}, \boldsymbol{c})=(\boldsymbol{a}, \boldsymbol{c})+(\boldsymbol{b}, \boldsymbol{c})$

（3）　$(k\boldsymbol{a}, \boldsymbol{b})=(\boldsymbol{a}, k\boldsymbol{b})=k(\boldsymbol{a}, \boldsymbol{b})$　（k はスカラー）

1.8　空間内の 3 点 $\mathrm{P}(1, 1, -2)$, $\mathrm{Q}(2, 2, -1)$, $\mathrm{R}(1, -3, 0)$ に対して, $\theta=\angle\mathrm{RPQ}$ とする. $\cos\theta$ の値と三角形 PQR の面積を求めよ.

1.9　空間内の 2 点 A, B の位置ベクトルを $\boldsymbol{a}, \boldsymbol{b}$ としたとき, $\|\boldsymbol{a}\|=1$, $\|\boldsymbol{b}\|=3$, $\|\boldsymbol{a}-\boldsymbol{b}\|=\sqrt{10}$ であったとする.

（1）　$\boldsymbol{a}$ と $\boldsymbol{b}$ は直交することを示せ.

（2）　原点 O から 2 点 A, B を通る直線に下ろした垂線の足を H とするとき, $\overrightarrow{\mathrm{OH}}$ を $\boldsymbol{a}, \boldsymbol{b}$ で表し, $(\boldsymbol{a}, \overrightarrow{\mathrm{OH}})$ を求めよ.

1.10　ベクトルの外積について次の等式を示せ.

（1）　$\boldsymbol{a}\times\boldsymbol{b}=-\boldsymbol{b}\times\boldsymbol{a}$,　$\boldsymbol{a}\times\boldsymbol{a}=\boldsymbol{o}$

（2）　$(\boldsymbol{a}+\boldsymbol{b})\times\boldsymbol{c}=\boldsymbol{a}\times\boldsymbol{c}+\boldsymbol{b}\times\boldsymbol{c}$

（3）　$(k\boldsymbol{a})\times\boldsymbol{b}=\boldsymbol{a}\times(k\boldsymbol{b})=k(\boldsymbol{a}\times\boldsymbol{b})$　（k はスカラー）

（4）　$(\boldsymbol{a}\times\boldsymbol{b})\times\boldsymbol{c}=(\boldsymbol{a}, \boldsymbol{c})\boldsymbol{b}-(\boldsymbol{b}, \boldsymbol{c})\boldsymbol{a}$

（5）　$(\boldsymbol{a}\times\boldsymbol{b})\times\boldsymbol{c}+(\boldsymbol{b}\times\boldsymbol{c})\times\boldsymbol{a}+(\boldsymbol{c}\times\boldsymbol{a})\times\boldsymbol{b}=\boldsymbol{o}$

1.11　$\boldsymbol{a}=\begin{pmatrix}1\\0\\0\end{pmatrix}$, $\boldsymbol{b}=\begin{pmatrix}1\\1\\0\end{pmatrix}$, $\boldsymbol{c}=\begin{pmatrix}1\\1\\1\end{pmatrix}$とするとき, $(\boldsymbol{a}\times\boldsymbol{b})\times\boldsymbol{c}$ と $\boldsymbol{a}\times(\boldsymbol{b}\times\boldsymbol{c})$ を求めよ.

1.12　$\boldsymbol{a}=\begin{pmatrix}2\\3\\1\end{pmatrix}$, $\boldsymbol{b}=\begin{pmatrix}0\\1\\-1\end{pmatrix}$, $\boldsymbol{c}=\begin{pmatrix}4\\-1\\3\end{pmatrix}$とするとき, 外積を利用して次を求めよ.

（1）　$\boldsymbol{b}, \boldsymbol{c}$ の張る平行四辺形の面積

（2）　$\boldsymbol{b}$ および $\boldsymbol{c}$ に直交する単位ベクトル

（3）　$\boldsymbol{a}, \boldsymbol{b}, \boldsymbol{c}$ の張る平行六面体の体積

1.3 空間の直線と平面

直線の方程式　空間において，点 P_0 を通りベクトル $\boldsymbol{d}\ (\neq \boldsymbol{o})$ に平行な直線 l を考えよう．点 P が l 上の点であることは，ベクトル $\overrightarrow{\mathrm{P_0P}}$ が $\boldsymbol{d}$ と平行，すなわち $\overrightarrow{\mathrm{P_0P}} = t\boldsymbol{d}$ となる実数 t が存在することである．P_0, P の位置ベクトルをそれぞれ $\boldsymbol{p}_0, \boldsymbol{p}$ とすれば $\overrightarrow{\mathrm{P_0P}} = \boldsymbol{p}-\boldsymbol{p}_0$ より，これは

$$\boldsymbol{p} = \boldsymbol{p}_0 + t\boldsymbol{d} \tag{1.21}$$

と表される．(1.21) を，t をパラメータとする直線 l の**ベクトル表示**といい，$\boldsymbol{d}$ を l の**方向ベクトル**という．

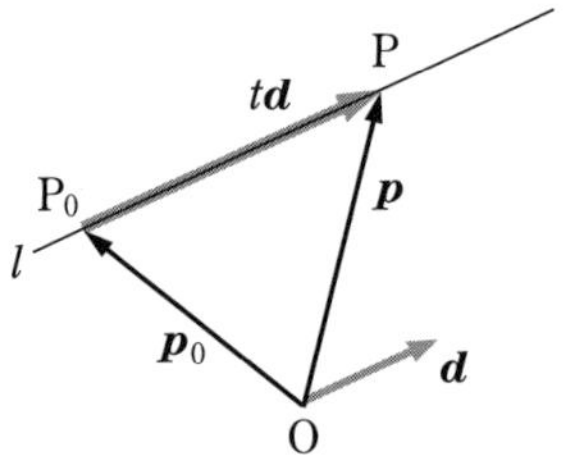

$\overrightarrow{\mathrm{P_0P}}$ と $\boldsymbol{d}$ の張る平行四辺形は，$\overrightarrow{\mathrm{P_0P}}$ と $\boldsymbol{d}$ が平行のとき退化して面積 0 なので，外積を用いて $\overrightarrow{\mathrm{P_0P}} \times \boldsymbol{d} = \boldsymbol{o}$ となっている．すなわち

$$(\boldsymbol{p}-\boldsymbol{p}_0) \times \boldsymbol{d} = \boldsymbol{o} \tag{1.22}$$

によっても直線 l を表すことができる．これを直線 l の**ベクトル方程式**という．

$\boldsymbol{p} = \begin{pmatrix} x \\ y \\ z \end{pmatrix}$，$\boldsymbol{p}_0 = \begin{pmatrix} x_0 \\ y_0 \\ z_0 \end{pmatrix}$，$\boldsymbol{d} = \begin{pmatrix} a \\ b \\ c \end{pmatrix}$ と成分表示すると，(1.21) は

$$x = x_0 + ta, \quad y = y_0 + tb, \quad z = z_0 + tc$$

となる．$abc \neq 0$ であれば，t を消去して

$$\frac{x-x_0}{a} = \frac{y-y_0}{b} = \frac{z-z_0}{c} \tag{1.23}$$

が得られる．(1.23) を通常，**直線 l の方程式**という．ここで，分母が 0 のときは分子も 0 とすると規約して，$abc = 0$ のときにも (1.23) を直線の方程式として採用する．

例 1.5　空間内の異なる 2 点 $\mathrm{A}(a_1, a_2, a_3)$，$\mathrm{B}(b_1, b_2, b_3)$ を通る直線を l とする．$\overrightarrow{\mathrm{AB}} = \begin{pmatrix} b_1-a_1 \\ b_2-a_2 \\ b_3-a_3 \end{pmatrix}$ は l の方向ベクトルであるので，l の方程式は

$$\frac{x-a_1}{b_1-a_1} = \frac{y-a_2}{b_2-a_2} = \frac{z-a_3}{b_3-a_3}.$$

▨ **平面の方程式** ▨　空間において，点 P_0 を通りベクトル $\boldsymbol{n}$ $(\neq \boldsymbol{o})$ と垂直な平面 π を考えよう．点 P が π 上の点であることは，ベクトル $\overrightarrow{\mathrm{P_0P}}$ が $\boldsymbol{n}$ と直交することである．P_0, P の位置ベクトルをそれぞれ $\boldsymbol{p}_0, \boldsymbol{p}$ とすれば，このことは

$$(\boldsymbol{p}-\boldsymbol{p}_0, \boldsymbol{n}) = 0 \tag{1.24}$$

と表される．(1.24) を平面 π の**ベクトル方程式**といい，$\boldsymbol{n}$ を π の**法線ベクトル**という．

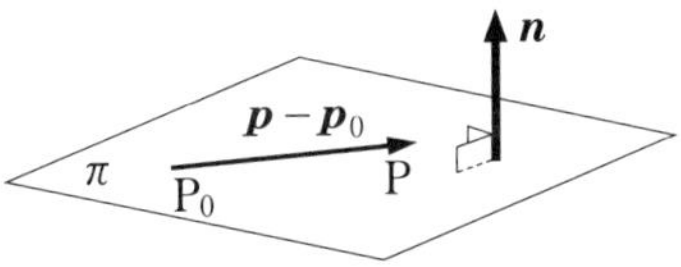

$\boldsymbol{p} = \begin{pmatrix} x \\ y \\ z \end{pmatrix}$，$\boldsymbol{p}_0 = \begin{pmatrix} x_0 \\ y_0 \\ z_0 \end{pmatrix}$，$\boldsymbol{n} = \begin{pmatrix} a \\ b \\ c \end{pmatrix}$ と成分表示すると，(1.24) は

$$a(x-x_0)+b(y-y_0)+c(z-z_0) = 0 \tag{1.25}$$

となる．$d = -ax_0-by_0-cz_0$ とおけば，(1.25) は

$$ax+by+cz+d = 0 \tag{1.26}$$

と表される．これを**平面 π の方程式**という．

例 1.6　空間内の 3 点 $\mathrm{A}(1, 1, 1)$，$\mathrm{B}(2, 3, 1)$，$\mathrm{C}(4, 3, 2)$ を通る平面 π の方程式を求めよう．

$\overrightarrow{AB} = \begin{pmatrix} 1 \\ 2 \\ 0 \end{pmatrix}$, $\overrightarrow{AC} = \begin{pmatrix} 3 \\ 2 \\ 1 \end{pmatrix}$ のどちらにも直交するベクトルが π の法線ベクトルになる．外積の性質から $\overrightarrow{AB} \times \overrightarrow{AC} = \begin{pmatrix} 2 \\ -1 \\ -4 \end{pmatrix}$ がその 1 つである．したがって，A を通り，$\overrightarrow{AB} \times \overrightarrow{AC}$ を法線ベクトルとする平面 π の方程式は

$$2(x-1)-(y-1)-4(z-1) = 0 \quad \text{すなわち} \quad 2x-y-4z+3 = 0$$

である． ■

一般に，平面 π において同一直線上にない 3 点 P_0, P_1, P_2 をとり，$\boldsymbol{a} = \overrightarrow{P_0P_1}$，$\boldsymbol{b} = \overrightarrow{P_0P_2}$ とする．このとき，空間の点 P が平面 π 上にあることは，$\overrightarrow{P_0P} = s\boldsymbol{a}+t\boldsymbol{b}$ となる実数 s, t が存在することである．P_0, P の位置ベクトルをそれぞれ $\boldsymbol{p}_0, \boldsymbol{p}$ とすれば，これは

$$\boldsymbol{p} = \boldsymbol{p}_0 + s\boldsymbol{a} + t\boldsymbol{b} \tag{1.27}$$

と表される．(1.27) をパラメータ s, t による平面 π の**ベクトル表示**という．この平面 π の法線ベクトルの 1 つが $\boldsymbol{a} \times \boldsymbol{b}$ であるので，π のベクトル方程式は $(\boldsymbol{p}-\boldsymbol{p}_0, \boldsymbol{a} \times \boldsymbol{b}) = 0$ となる．3 次の行列式を用いれば，π の方程式は

$$|\boldsymbol{p}-\boldsymbol{p}_0 \ \ \boldsymbol{a} \ \ \boldsymbol{b}| = 0 \tag{1.28}$$

で表される．

例題 1.1　点 $P_0(x_0, y_0, z_0)$ から平面 π : $ax+by+cz+d = 0$ に下ろした垂線の足を H とするとき，$\overrightarrow{P_0H}$ の長さ h は

$$h = \frac{|ax_0+by_0+cz_0+d|}{\sqrt{a^2+b^2+c^2}} \tag{1.29}$$

で与えられることを示せ．

解　$\boldsymbol{n} = \dfrac{1}{\sqrt{a^2+b^2+c^2}}\begin{pmatrix} a \\ b \\ c \end{pmatrix}$ は π の単位法線ベクトルであるので，$\overrightarrow{P_0H} =$

$\pm h\boldsymbol{n}$ と表される．H の座標を (x_1, y_1, z_1) とすると，$ax_1+by_1+cz_1=-d$ であるので，

$$h=(h\boldsymbol{n}, \boldsymbol{n})=|(\overrightarrow{\mathrm{P_0H}}, \boldsymbol{n})|=\frac{|a(x_1-x_0)+b(y_1-y_0)+c(z_1-z_0)|}{\sqrt{a^2+b^2+c^2}}$$

$$=\frac{|ax_0+by_0+cz_0+d|}{\sqrt{a^2+b^2+c^2}}.$$

▮

問　題

1.13　次の直線の方程式を求めよ．

（1）　点 A(1, −2, 3) を通り，方向ベクトルが $\begin{pmatrix} 3 \\ 1 \\ -2 \end{pmatrix}$ の直線

（2）　2 点 A(2, 3, −5)，B(−1, −3, 1) を通る直線

（3）　2 点 A(−1, 2, 1)，B(1, 1, 1) を通る直線に平行な直線で，点 C(3, 0, 2) を通るもの

1.14　次の平面の方程式を求めよ．

（1）　点 A(1, 2, −2) を通り，法線ベクトルが $\begin{pmatrix} 6 \\ -1 \\ 3 \end{pmatrix}$ の平面

（2）　3 点 A(2, 1, 1)，B(3, 0, 5)，C(1, −1, 4) を通る平面

（3）　直線 $\dfrac{x-1}{2}=\dfrac{y+3}{3}=z+2$ と点 A(3, 1, −1) を含む平面

1.15　平面 $x-2y-3z+4=0$ を 2 つのパラメータ s, t を用いてベクトル表示せよ．

1.16　点 $\mathrm{P_0}(3, -1, 1)$ から平面 $2x-y+2z-3=0$ に下ろした垂線の足を H とする．次を求めよ．

（1）　$\overrightarrow{\mathrm{P_0H}}$ の長さ　　（2）　点 H の座標

1.17　点 A(1, −2, 4) から 2 平面 $x+y+z-2=0$，$3x+2y+z-1=0$ の交線 l に下ろした垂線の足を H とする．

（1）　パラメータ t を用いた直線 l のベクトル表示を求めよ．

（2）　$\overrightarrow{\mathrm{AH}}$ の長さを求めよ．

2

行　列

2.1　行列の和・スカラー倍

行列の定義　A が $\boldsymbol{m \times n}$ **行列**もしくは $(\boldsymbol{m}, \boldsymbol{n})$ **型行列**とは

$$A = \begin{pmatrix} a_{11} & a_{12} & \cdots & a_{1j} & \cdots & a_{1n} \\ a_{21} & a_{22} & \cdots & a_{2j} & \cdots & a_{2n} \\ \vdots & \vdots & & \vdots & & \vdots \\ a_{i1} & a_{i2} & \cdots & a_{ij} & \cdots & a_{in} \\ \vdots & \vdots & & \vdots & & \vdots \\ a_{m1} & a_{m2} & \cdots & a_{mj} & \cdots & a_{mn} \end{pmatrix} \tag{2.1}$$

のように長方形に mn 個の数 a_{ij} $(i = 1, 2, \cdots, m\,;\ j = 1, 2, \cdots, n)$ を配列したものをいう．とくに $m = n$ のとき，その形から $n \times n$ 行列を $\boldsymbol{n}$ **次正方行列**または簡単に $\boldsymbol{n}$ **次行列**ともいう．

行列を構成する個々の数 a_{ij} を行列の**成分**という．行列において，成分の横の並びを上から順に第1行，第2行，…，縦の並びを左から順に第1列，第2列，… と呼び，第 i 行と第 j 列の交点にある成分を (i, j) 成分という．(2.1) のように $m \times n$ 行列 A の (i, j) 成分が a_{ij} であるとき，簡単に

$$A = (a_{ij})$$

と略記することがある．また，行列の型を明記したいときは，行列 A を $A_{m \times n}$ や $(a_{ij})_{m \times n}$ と書くこともある．

本書では，とくに断らない限り実数を成分とする行列を扱うが，成分を複素数として本書を読み進んでも何ら問題ない．成分が実数，複素数であることを明示したいときには，それぞれ**実行列**，**複素行列**と呼ぼう．また，1×1 行列 (a) は通常，数 a と同一視し（　）を省略して書くことにする．

▒ 列ベクトル・行ベクトル ▒　$n\times 1$ 行列を **$\boldsymbol{n}$ 次列ベクトル**といい，$1\times n$ 行列を **$\boldsymbol{n}$ 次行ベクトル**という．また列ベクトルと行ベクトルを総称して，**数ベクトル**という．行列 $A=(a_{ij})_{m\times n}$ は n 個の m 次列ベクトルと m 個の n 次行ベクトルをもっている．A の**第 $\boldsymbol{j}$ 列ベクトル**を

$$\boldsymbol{a}_j=\begin{pmatrix}a_{1j}\\a_{2j}\\\vdots\\a_{mj}\end{pmatrix},\quad j=1,2,\cdots,n$$

第 $\boldsymbol{i}$ 行ベクトルを

$$\boldsymbol{a}_i{}'=(a_{i1}\quad a_{i2}\quad\cdots\quad a_{in}),\quad i=1,2,\cdots,m$$

とすると，これらを用いて

$$A=(\boldsymbol{a}_1\quad\boldsymbol{a}_2\quad\cdots\quad\boldsymbol{a}_n),\quad A=\begin{pmatrix}\boldsymbol{a}_1{}'\\\boldsymbol{a}_2{}'\\\vdots\\\boldsymbol{a}_m{}'\end{pmatrix}\tag{2.2}$$

と表すことができる．(2.2) の行列 A の表し方をそれぞれ A の**列ベクトル表示**，**行ベクトル表示**と呼ぶ．

▒ 行列の相等 ▒　2 つの行列 $A=(a_{ij})_{m\times n}$，$B=(b_{ij})_{p\times q}$ が**等しい**とは，次の 2 条件

（1）　同じ型である．すなわち，$m=p$，$n=q$．

（2）　$a_{ij}=b_{ij}$ $(i=1,2,\cdots,m\,;\,j=1,2,\cdots,n)$

をみたすときをいい，$A=B$ と書く．

▒ 行列の和とスカラー倍 ▒　2 つの $m\times n$ 行列 $A=(a_{ij})$，$B=(b_{ij})$ の**和** $A+B$ を (i,j) 成分が $a_{ij}+b_{ij}$ である $m\times n$ 行列と定義する．すなわち，

$$\begin{pmatrix}a_{11}&\cdots&a_{1n}\\\vdots&a_{ij}&\vdots\\a_{m1}&\cdots&a_{mn}\end{pmatrix}+\begin{pmatrix}b_{11}&\cdots&b_{1n}\\\vdots&b_{ij}&\vdots\\b_{m1}&\cdots&b_{mn}\end{pmatrix}=\begin{pmatrix}a_{11}+b_{11}&\cdots&a_{1n}+b_{1n}\\\vdots&a_{ij}+b_{ij}&\vdots\\a_{m1}+b_{m1}&\cdots&a_{mn}+b_{mn}\end{pmatrix}.$$

$$(2.3)$$

和は同じ型の行列に対してのみ定義される．

スカラー k に対して $m\times n$ 行列 $A=(a_{ij})$ の**スカラー倍** kA とは，ka_{ij} を (i,j) 成分とする $m\times n$ 行列で，A の k 倍ともいう．すなわち，

$$k\begin{pmatrix} a_{11} & \cdots & a_{1n} \\ \vdots & a_{ij} & \vdots \\ a_{m1} & \cdots & a_{mn} \end{pmatrix} = \begin{pmatrix} ka_{11} & \cdots & ka_{1n} \\ \vdots & ka_{ij} & \vdots \\ ka_{m1} & \cdots & ka_{mn} \end{pmatrix}. \tag{2.4}$$

行列 A の (-1) 倍を $-A$ で表し，同じ型の行列 A, B に対して，$A+(-B)$ を $A-B$ で表す．$A=(a_{ij})$，$B=(b_{ij})$ とすると，$-A=(-a_{ij})$，$A-B=(a_{ij}-b_{ij})$ である．

例 2.1　$A=\begin{pmatrix} 1 & 2 & -3 \\ 0 & 1 & 2 \end{pmatrix}$，$B=\begin{pmatrix} -1 & 0 & 1 \\ 1 & -2 & 1 \end{pmatrix}$ のとき，

$$A+B=\begin{pmatrix} 1-1 & 2+0 & -3+1 \\ 0+1 & 1-2 & 2+1 \end{pmatrix}=\begin{pmatrix} 0 & 2 & -2 \\ 1 & -1 & 3 \end{pmatrix},$$

$$2A-3B=\begin{pmatrix} 2 & 4 & -6 \\ 0 & 2 & 4 \end{pmatrix}-\begin{pmatrix} -3 & 0 & 3 \\ 3 & -6 & 3 \end{pmatrix}=\begin{pmatrix} 5 & 4 & -9 \\ -3 & 8 & 1 \end{pmatrix}.$$ ■

$m\times 1$ 行列である m 次列ベクトルにも，和とスカラー倍は

$$\begin{pmatrix} a_1 \\ \vdots \\ a_m \end{pmatrix}+\begin{pmatrix} b_1 \\ \vdots \\ b_m \end{pmatrix}=\begin{pmatrix} a_1+b_1 \\ \vdots \\ a_m+b_m \end{pmatrix},\quad k\begin{pmatrix} a_1 \\ \vdots \\ a_m \end{pmatrix}=\begin{pmatrix} ka_1 \\ \vdots \\ ka_m \end{pmatrix} \tag{2.5}$$

と定義されているので，$m\times n$ 行列 A, B の列ベクトル表示を $A=(\boldsymbol{a}_1\ \ \boldsymbol{a}_2\ \cdots\ \boldsymbol{a}_n)$，$B=(\boldsymbol{b}_1\ \ \boldsymbol{b}_2\ \cdots\ \boldsymbol{b}_n)$ としたとき，和とスカラー倍の列ベクトル表示は

$$A+B=(\boldsymbol{a}_1+\boldsymbol{b}_1\ \ \boldsymbol{a}_2+\boldsymbol{b}_2\ \cdots\ \boldsymbol{a}_n+\boldsymbol{b}_n),\quad kA=(k\boldsymbol{a}_1\ \ k\boldsymbol{a}_2\ \cdots\ k\boldsymbol{a}_n) \tag{2.6}$$

となる．行ベクトル表示についても同様のことがいえる．

▌零行列▌　すべての成分が0である行列を**零行列**といい，O で表す．O が $m\times n$ 行列であることを明記したいとき，$O_{m\times n}$ と書くこともある．任意の

$m\times n$ 行列 A とスカラー k に対して，

$$A+O = O+A = A, \quad A-A = O, \quad kO = O, \quad 0A = O \tag{2.7}$$

の成り立つことは明らかであろう．零行列が数ベクトルのときには，**零ベクトル**といい，$\boldsymbol{o}$ で表す．

和とスカラー倍の基本的性質　行列が，和とスカラー倍に関して，次の定理にあげる基本的性質をもつことは，それぞれ両辺の (i, j) 成分を比較することにより容易に確かめられる．

定理 2.1　同じ型の行列 A, B, C とスカラー k, l に対して，次が成り立つ．

（1）$A+B = B+A$　（和の交換則）

（2）$(A+B)+C = A+(B+C)$　（和の結合則）

（3）$k(lA) = (kl)A$　（スカラー倍の結合則）

（4）$(k+l)A = kA+lA$　（分配則）

（5）$k(A+B) = kA+kB$　（分配則）

和の結合則より，同じ型の n 個の行列 $A_1, A_2, \cdots, A_n$ の和は，和をとる順序によらず定まるので，括弧を省いて $A_1+A_2+\cdots+A_n$ と書くことができる．

例題 2.1　$A = \begin{pmatrix} 2 & 3 & -1 \\ 1 & -2 & 3 \end{pmatrix}$，$B = \begin{pmatrix} 1 & 4 & 2 \\ -2 & -1 & -1 \end{pmatrix}$ のとき，次をみたす 2×3 行列 X を求めよ．

$$X+2A-B = 2\{3A-2(X+B)\}.$$

解　与えられた式は $X+2A-B = 6A-4X-4B$ となるので，整理すると $5X = 4A-3B$．したがって，

$$X = \frac{1}{5}(4A-3B) = \frac{1}{5}\left\{4\begin{pmatrix} 2 & 3 & -1 \\ 1 & -2 & 3 \end{pmatrix} - 3\begin{pmatrix} 1 & 4 & 2 \\ -2 & -1 & -1 \end{pmatrix}\right\}$$

$$= \frac{1}{5}\begin{pmatrix} 5 & 0 & -10 \\ 10 & -5 & 15 \end{pmatrix} = \begin{pmatrix} 1 & 0 & -2 \\ 2 & -1 & 3 \end{pmatrix}.$$ ▮

問　題

2.1 次の行列を書き表せ．

（1） (i,j) 成分 $= \begin{cases} j-i+1 & (j \geqq i \text{ のとき}) \\ 0 & (i > j \text{ のとき}) \end{cases}$ である 3 次正方行列

（2） $\begin{pmatrix} j \\ 2j \\ j^2+1 \end{pmatrix}$ を第 j 列ベクトルにもつ 3×4 行列

2.2 $3\begin{pmatrix} a & b \\ c & -a \end{pmatrix} - 4\begin{pmatrix} a & a \\ b & c \end{pmatrix} = \begin{pmatrix} -a & b \\ a & -15 \end{pmatrix}$ をみたす a, b, c の値を求めよ．

2.3 $A = \begin{pmatrix} 0 & -1 & 2 \\ 3 & 0 & -1 \end{pmatrix}$, $B = \begin{pmatrix} 4 & 1 & -3 \\ 0 & -1 & 1 \end{pmatrix}$, $C = \begin{pmatrix} 4 & -3 & -2 \\ -2 & -1 & 4 \end{pmatrix}$ とする．

（1） $3(A+3B-3C)-2(B-2A-C)$ を求めよ．

（2） $2X+C = 3\{2A+C-3(B-X)\}$ をみたす行列 X を求めよ．

（3） $X+Y=A$, $Y+Z=B$, $Z+X=C$ をみたす行列 X, Y, Z を求めよ．

2.4 自然数 n に対して $A_n = \begin{pmatrix} 1 & n \\ 1-n & (-1)^n \end{pmatrix}$ とするとき，$A_1+A_2+\cdots+A_n$ を求めよ．

2.2 行 列 の 積

▮ 積の定義 ▮　まず基本となる n 次行ベクトル $\boldsymbol{a}' = (a_1 \ \cdots \ a_n)$ と n 次列ベクトル $\boldsymbol{b} = \begin{pmatrix} b_1 \\ \vdots \\ b_n \end{pmatrix}$ の**積** $\boldsymbol{a}'\boldsymbol{b}$ を

$$\boldsymbol{a}'\boldsymbol{b} = (a_1 \ \ a_2 \ \ \cdots \ \ a_n)\begin{pmatrix} b_1 \\ b_2 \\ \vdots \\ b_n \end{pmatrix} = a_1b_1 + a_2b_2 + \cdots + a_nb_n \tag{2.8}$$

$$= \sum_{i=1}^{n} a_ib_i$$

によって定義する．$\boldsymbol{a}'\boldsymbol{b}$ はスカラー（1×1 行列）になる．

例 2.2 $(1\quad 3\quad 5)\begin{pmatrix}-4\\-3\\2\end{pmatrix}=1\cdot(-4)+3\cdot(-3)+5\cdot 2=-3.$ ▨

n 次行ベクトルと n 次列ベクトルの積に関して，スカラーの分配則，結合則から次の基本的規則を確かめることは容易である．($\boldsymbol{a}'$, $\boldsymbol{a}_1'$, $\boldsymbol{a}_2'$ は行ベクトル，$\boldsymbol{b}$, $\boldsymbol{b}_1$, $\boldsymbol{b}_2$ は列ベクトル，k はスカラーとする．)

$$(\boldsymbol{a}_1'+\boldsymbol{a}_2')\boldsymbol{b}=\boldsymbol{a}_1'\boldsymbol{b}+\boldsymbol{a}_2'\boldsymbol{b}, \tag{2.9}$$

$$\boldsymbol{a}'(\boldsymbol{b}_1+\boldsymbol{b}_2)=\boldsymbol{a}'\boldsymbol{b}_1+\boldsymbol{a}'\boldsymbol{b}_2, \tag{2.10}$$

$$\boldsymbol{a}'(k\boldsymbol{b})=(k\boldsymbol{a}')\boldsymbol{b}=k(\boldsymbol{a}'\boldsymbol{b}). \tag{2.11}$$

2つの行列 A と B の**積** AB は，A の列の個数と B の行の個数が等しいときのみ定義される．$m\times n$ 行列 $A=(a_{ij})$ の行ベクトル表示を $\begin{pmatrix}\boldsymbol{a}_1'\\\vdots\\\boldsymbol{a}_m'\end{pmatrix}$，$n\times p$ 行列 $B=(b_{ij})$ の列ベクトル表示を $(\boldsymbol{b}_1\quad\cdots\quad\boldsymbol{b}_p)$ とするとき，

$$\begin{aligned}c_{ij}&=\boldsymbol{a}_i'\boldsymbol{b}_j=a_{i1}b_{1j}+a_{i2}b_{2j}+\cdots+a_{in}b_{nj}\\&=\sum_{k=1}^{n}a_{ik}b_{kj}\quad(i=1,2,\cdots,m\,;\ j=1,2,\cdots,p)\end{aligned} \tag{2.12}$$

を (i,j) 成分にもつ $m\times p$ 行列 $C=(c_{ij})$ を，積 AB と定義する．すなわち，

$$AB=\begin{pmatrix}\boldsymbol{a}_1'\boldsymbol{b}_1&\cdots&\boldsymbol{a}_1'\boldsymbol{b}_p\\\vdots&\boldsymbol{a}_i'\boldsymbol{b}_j&\vdots\\\boldsymbol{a}_m'\boldsymbol{b}_1&\cdots&\boldsymbol{a}_m'\boldsymbol{b}_p\end{pmatrix}. \tag{2.13}$$

例 2.3 $\begin{pmatrix}1&2\\3&4\end{pmatrix}\begin{pmatrix}a_1&a_2&a_3\\b_1&b_2&b_3\end{pmatrix}=\begin{pmatrix}a_1+2b_1&a_2+2b_2&a_3+2b_3\\3a_1+4b_1&3a_2+4b_2&3a_3+4b_3\end{pmatrix}.$ ▨

(2.13) より $n\times 1$ 行列 $\boldsymbol{b}$ に対しては，$A\boldsymbol{b}=\begin{pmatrix}\boldsymbol{a}_1'\boldsymbol{b}\\\vdots\\\boldsymbol{a}_m'\boldsymbol{b}\end{pmatrix}$ であるので，

$$AB=A(\boldsymbol{b}_1\quad\boldsymbol{b}_2\quad\cdots\quad\boldsymbol{b}_p)=(A\boldsymbol{b}_1\quad A\boldsymbol{b}_2\quad\cdots\quad A\boldsymbol{b}_p) \tag{2.14}$$

と列ベクトル表示できる．同じく $1\times n$ 行列 $\boldsymbol{a}'$ に対しては，$\boldsymbol{a}'B=(\boldsymbol{a}'\boldsymbol{b}_1$

$\cdots \quad \boldsymbol{a}'\boldsymbol{b}_p$）より

$$AB = \begin{pmatrix} \boldsymbol{a}_1{}' \\ \vdots \\ \boldsymbol{a}_m{}' \end{pmatrix} B = \begin{pmatrix} \boldsymbol{a}_1{}'B \\ \vdots \\ \boldsymbol{a}_m{}'B \end{pmatrix} \tag{2.15}$$

と行ベクトル表示できる．また，n 次列ベクトル $\boldsymbol{x} = (x_i)$ に対し，$A\boldsymbol{x}$ は具体的に

$$A\boldsymbol{x} = \begin{pmatrix} \boldsymbol{a}_1{}'\boldsymbol{x} \\ \vdots \\ \boldsymbol{a}_m{}'\boldsymbol{x} \end{pmatrix} = \begin{pmatrix} a_{11}x_1 + \cdots + a_{1n}x_n \\ \vdots \\ a_{m1}x_1 + \cdots + a_{mn}x_n \end{pmatrix}$$

より，$A = (\boldsymbol{a}_1 \quad \cdots \quad \boldsymbol{a}_n)$ とするとき

$$A\boldsymbol{x} = x_1\boldsymbol{a}_1 + \cdots + x_n\boldsymbol{a}_n \tag{2.16}$$

と A の列ベクトルを用いて表される．これら (2.14), (2.15), (2.16) のベクトル表示は今後よく用いられる．

単位行列　n 次正方行列において，(i, i) 成分がすべて 1 $(i = 1, 2, \cdots, n)$ で，他の成分がすべて 0 であるものを **n 次単位行列**といい，E_n または E で表す．すなわち，

$$E = \begin{pmatrix} 1 & 0 & & \\ 0 & 1 & & O \\ & & \ddots & \\ & O & & 1 \end{pmatrix}. \tag{2.17}$$

クロネッカーのデルタ記号と呼ばれる次の記号

$$\delta_{ij} = \begin{cases} 1 & (i = j \text{ のとき}) \\ 0 & (i \neq j \text{ のとき}) \end{cases}$$

を用いると $E = (\delta_{ij})$ と表される．また n 次列ベクトルで n 次の**基本列ベクトル**と呼ばれる

$$\boldsymbol{e}_1 = \begin{pmatrix} 1 \\ 0 \\ 0 \\ \vdots \\ 0 \end{pmatrix}, \quad \boldsymbol{e}_2 = \begin{pmatrix} 0 \\ 1 \\ 0 \\ \vdots \\ 0 \end{pmatrix}, \quad \cdots, \quad \boldsymbol{e}_n = \begin{pmatrix} 0 \\ 0 \\ \vdots \\ 0 \\ 1 \end{pmatrix}$$

および n 次行ベクトルで n 次の**基本行ベクトル**と呼ばれる

$$\boldsymbol{e}_1{}' = (1 \quad 0 \quad \cdots \quad 0), \quad \cdots, \quad \boldsymbol{e}_n{}' = (0 \quad \cdots \quad 0 \quad 1)$$

を用いて

$$E = (\boldsymbol{e}_1 \quad \boldsymbol{e}_2 \quad \cdots \quad \boldsymbol{e}_n) = \begin{pmatrix} \boldsymbol{e}_1{}' \\ \vdots \\ \boldsymbol{e}_n{}' \end{pmatrix} \tag{2.18}$$

と表すことができる．

$m \times n$ 行列 $A = (a_{ij})$ の第 i 行ベクトルを $\boldsymbol{a}_i{}'$，第 j 列ベクトルを $\boldsymbol{a}_j$ とするとき，$\boldsymbol{a}_i{}'\boldsymbol{e}_j = \boldsymbol{e}_i{}'\boldsymbol{a}_j = a_{ij}$（$\boldsymbol{e}_j$ は n 次の基本列ベクトル，$\boldsymbol{e}_i{}'$ は m 次の基本行ベクトル）であるので行列の積の定義から

$$AE_n = E_m A = A \tag{2.19}$$

である．

積の基本的性質　次の定理は，行列の積の計算において基本的である．

定理 2.2　A, A_1, A_2 を $m \times n$ 行列，B, B_1, B_2 を $n \times p$ 行列，C を $p \times q$ 行列，k をスカラーとするとき，次が成り立つ．

（1）$(A_1 + A_2)B = A_1 B + A_2 B$　（分配則）

（2）$A(B_1 + B_2) = AB_1 + AB_2$　（分配則）

（3）$A(kB) = (kA)B = k(AB)$　（結合則）

（4）$(AB)C = A(BC)$　（結合則）

証明　(1),(2),(3) については，それぞれ (2.9),(2.10),(2.11) より容易にわかる．(4) の結合則について示そう．AB は $m \times p$ 行列，BC は $n \times q$ 行列より，$(AB)C$ と $A(BC)$ はともに $m \times q$ 行列である．$C = (\boldsymbol{c}_1 \quad \cdots \quad \boldsymbol{c}_q)$ と列ベクトル表示したとき，(2.14) より

$$(AB)C = (AB)(\boldsymbol{c}_1 \quad \cdots \quad \boldsymbol{c}_q) = ((AB)\boldsymbol{c}_1 \quad \cdots \quad (AB)\boldsymbol{c}_q),$$
$$A(BC) = A(B\boldsymbol{c}_1 \quad \cdots \quad B\boldsymbol{c}_q) = (A(B\boldsymbol{c}_1) \quad \cdots \quad A(B\boldsymbol{c}_q))$$

であるので，任意の p 次列ベクトル $\boldsymbol{x} = (x_i)$ に対して $(AB)\boldsymbol{x} = A(B\boldsymbol{x})$ を示せば十分である．

$B = (\boldsymbol{b}_1 \quad \cdots \quad \boldsymbol{b}_p)$ とすると，(2.16) より $B\boldsymbol{x} = x_1\boldsymbol{b}_1 + \cdots + x_p\boldsymbol{b}_p$ であり，以下 (2), (3), (2.16) を用いると

$$\begin{aligned} A(B\boldsymbol{x}) &= A(x_1\boldsymbol{b}_1 + \cdots + x_p\boldsymbol{b}_p) = A(x_1\boldsymbol{b}_1) + \cdots + A(x_p\boldsymbol{b}_p) \\ &= x_1(A\boldsymbol{b}_1) + \cdots + x_p(A\boldsymbol{b}_p) = (A\boldsymbol{b}_1 \quad \cdots \quad A\boldsymbol{b}_p)\boldsymbol{x} = (AB)\boldsymbol{x}. \end{aligned}$$ ∎

n 個の行列 $A_1, A_2, \cdots, A_n$ の積は，隣どうしの積が定義されていれば，結合則より，積の計算の順序によらず定まるので括弧を省いて，$A_1A_2\cdots A_n$ と書くことができる．とくに A が正方行列で $A_1 = A_2 = \cdots = A_n = A$ のときには，$A_1A_2\cdots A_n = A^n$ と書き，A の **n 乗**という．

注意 2.1　2 つの行列 A, B の積 AB と BA は，もしともに定義できたとしても $AB = BA$ であるとは限らない．また $A \neq O$，$B \neq O$ であっても $AB = O$ となることがある．実数の積と異なるところである．たとえば，

$$A = \begin{pmatrix} 1 & 0 \\ 1 & 0 \end{pmatrix}, \quad B = \begin{pmatrix} 0 & 0 \\ 1 & 1 \end{pmatrix}$$

とすると

$$AB = \begin{pmatrix} 0 & 0 \\ 0 & 0 \end{pmatrix}, \quad BA = \begin{pmatrix} 0 & 0 \\ 2 & 0 \end{pmatrix}$$

であることからわかる．

例題 2.2　$A = \begin{pmatrix} -1 & 0 & 1 \\ 2 & 1 & -3 \end{pmatrix}$ とするとき，$AX = \begin{pmatrix} 0 & 0 \\ 0 & 0 \end{pmatrix}$ をみたす行列 X を求めよ．

解　積 AX が定義され，2×2 行列になっていることから，X は 3×2 行列でなければならない．そこで，$X = \begin{pmatrix} a & d \\ b & e \\ c & f \end{pmatrix}$ とおく．

$$AX = \begin{pmatrix} -1 & 0 & 1 \\ 2 & 1 & -3 \end{pmatrix} \begin{pmatrix} a & d \\ b & e \\ c & f \end{pmatrix} = \begin{pmatrix} -a+c & -d+f \\ 2a+b-3c & 2d+e-3f \end{pmatrix}$$

より，$-a+c=0$，$2a+b-3c=0$，$-d+f=0$，$2d+e-3f=0$ を解くと，$a=b=c$，$d=e=f$ が得られる．したがって，求める行列は

$$X = \begin{pmatrix} a & d \\ a & d \\ a & d \end{pmatrix} = a\begin{pmatrix} 1 & 0 \\ 1 & 0 \\ 1 & 0 \end{pmatrix} + d\begin{pmatrix} 0 & 1 \\ 0 & 1 \\ 0 & 1 \end{pmatrix}.$$

ここで，a, d は任意の実数である． ▨

問　題

2.5　$A = \begin{pmatrix} 1 & -1 \\ 3 & 1 \end{pmatrix}$，$B = \begin{pmatrix} 2 & 1 \\ -4 & -2 \end{pmatrix}$，$C = \begin{pmatrix} 1 & 1 & -1 \\ -2 & 0 & 3 \end{pmatrix}$ とする．

（1）　$A^2 - B^2$ と $(A+B)(A-B)$ を計算せよ．

（2）　$(A-2B)C + (2A-B)C$ を計算せよ．

2.6　$A = \begin{pmatrix} 1 \\ 2 \\ 3 \end{pmatrix}$，$B = (3 \quad 2 \quad 1)$ とするとき，$AB, BA, (AB)^3$ を求めよ．

2.7　行列の積 AB, BC, CD が定義されているとき，結合則を用いて $((AB)C)D$ と $A(B(CD))$ が等しくなることを示せ．

2.8　2×3 行列 A の列ベクトル表示を $(\boldsymbol{a}_1 \quad \boldsymbol{a}_2 \quad \boldsymbol{a}_3)$ とする．

（1）　$A\begin{pmatrix} -1 \\ 2 \\ -3 \end{pmatrix}$ を A の列ベクトルで表せ．

（2）　$A\begin{pmatrix} 0 & 1 \\ 2 & 3 \\ 4 & 0 \end{pmatrix}$ の列ベクトル表示を求めよ．

2.9　次をみたす行列 X をそれぞれ求めよ．

（1）　$\begin{pmatrix} 1 & -1 \\ -2 & 1 \end{pmatrix} X = \begin{pmatrix} 1 \\ 0 \end{pmatrix}$　　（2）　$A = \begin{pmatrix} 1 & 2 \\ 2 & 3 \end{pmatrix}$ のとき $AX = XA$

（3）　$\begin{pmatrix} 0 & 1 & 2 \\ 2 & 1 & 0 \end{pmatrix} X = \begin{pmatrix} 1 & 0 \\ 0 & 1 \end{pmatrix}$

2.10　自然数 n に対して次の行列の n 乗を求めよ．

（1） $\begin{pmatrix} a & 1 \\ 1-a^2 & -a \end{pmatrix}$　　（2） $\begin{pmatrix} \cos\theta & -\sin\theta \\ \sin\theta & \cos\theta \end{pmatrix}$

（3） $\begin{pmatrix} 0 & a & c \\ 0 & 0 & b \\ 0 & 0 & 0 \end{pmatrix}$　　（4） $\begin{pmatrix} 1 & 1 & 1 \\ 0 & 1 & 1 \\ 0 & 0 & 1 \end{pmatrix}$

2.3 種々の行列

転置行列　$m\times n$ 行列 A の第 i 行を第 i 列に，第 j 列を第 j 行にもつ $n\times m$ 行列を A の**転置行列**といい，${}^tA$ で表す．すなわち

$$A=\begin{pmatrix} a_{11} & a_{12} & \cdots & a_{1n} \\ a_{21} & a_{22} & \cdots & a_{2n} \\ \vdots & \vdots & \ddots & \vdots \\ a_{m1} & a_{m2} & \cdots & a_{mn} \end{pmatrix} \text{ のとき } {}^tA=\begin{pmatrix} a_{11} & a_{21} & \cdots & a_{m1} \\ a_{12} & a_{22} & \cdots & a_{m2} \\ \vdots & \vdots & \ddots & \vdots \\ a_{1n} & a_{2n} & \cdots & a_{mn} \end{pmatrix}$$

であり，${}^tA$ の (i,j) 成分は A の (j,i) 成分 a_{ji} となる．たとえば，

$$A=\begin{pmatrix} 1 & 2 \\ 3 & 4 \\ 5 & 6 \end{pmatrix} \text{ ならば } {}^tA=\begin{pmatrix} 1 & 3 & 5 \\ 2 & 4 & 6 \end{pmatrix}.$$

転置行列について次の性質がある．

> **定理 2.3**　A, A' を $m\times n$ 行列，B を $n\times p$ 行列，k をスカラーとするとき，次が成り立つ．
>
> （1）　${}^t(A+A')={}^tA+{}^tA'$,　${}^t(kA)=k\,{}^tA$
>
> （2）　${}^t({}^tA)=A$
>
> （3）　${}^t(AB)={}^tB\,{}^tA$

証明　(1), (2) は転置行列の定義から容易にわかるので，(3) のみ示そう．まず，${}^t(AB)$ および ${}^tB\,{}^tA$ はどちらも $p\times m$ 行列である．両方の (i,j) 成分を比較する．

$${}^t(AB) \text{ の } (i,j) \text{ 成分} = AB \text{ の } (j,i) \text{ 成分} = a_{j1}b_{1i}+\cdots+a_{jn}b_{ni}.$$

一方，${}^tB$ の第 i 行は $(b_{1i} \ \cdots \ b_{ni})$，${}^tA$ の第 j 列は $\begin{pmatrix} a_{j1} \\ \vdots \\ a_{jn} \end{pmatrix}$ より

$${}^tB\,{}^tA \text{ の } (i,j) \text{ 成分} = b_{1i}a_{j1}+\cdots+b_{ni}a_{jn} = a_{j1}b_{1i}+\cdots+a_{jn}b_{ni}.$$

したがって，(3) が成り立つ．　■

n 次正方行列 $A=(a_{ij})$ は ${}^tA=A$ すなわち $a_{ij}=a_{ji}$ $(1 \leqq i,\ j \leqq n)$ をみたすとき，n 次**対称行列**という．また，${}^tA=-A$ すなわち $a_{ij}=-a_{ji}$ $(1 \leqq i,\ j \leqq n)$ をみたすとき，n 次**交代行列**という．

任意の n 次正方行列 A に対して，定理 2.3 から $A+{}^tA,\ A{}^tA$ は対称行列であり，$A-{}^tA$ は交代行列である．また，A を

$$A=\frac{1}{2}(A+{}^tA)+\frac{1}{2}(A-{}^tA)$$

により対称行列と交代行列の和で表すことができる．

対角行列・三角行列 n 次正方行列 $A=(a_{ij})$ において，左上から右下への対角線に並ぶ成分 $a_{11}, a_{22}, \cdots, a_{nn}$ を A の**対角成分**という．対角成分以外の成分がすべて 0 である行列

$$A=\begin{pmatrix} a_{11} & 0 & & \\ 0 & a_{22} & & O \\ & & \ddots & \\ & O & & a_{nn} \end{pmatrix} \tag{2.20}$$

を n 次**対角行列**という．単位行列 E は対角行列の 1 つである．A, B が n 次対角行列のとき $A+B, kA$ (k：スカラー)，AB も n 次対角行列となる．

n 次正方行列 A において，対角成分より下方の成分がすべて 0 の行列

$$A=\begin{pmatrix} a_{11} & a_{12} & \cdots & a_{1n} \\ 0 & a_{22} & \cdots & a_{2n} \\ & & \ddots & \vdots \\ & O & & a_{nn} \end{pmatrix} \tag{2.21}$$

を**上三角行列**という．同じく，対角成分より上方の成分がすべて 0 の行列を**下三角行列**という．これらを総称して**三角行列**という．上三角行列についても，和，スカラー倍，積がまた上三角行列になることがわかる．下三角のときも同様である．

正則行列・逆行列 n 次正方行列 A に対して

$$AX=XA=E_n \tag{2.22}$$

をみたすような n 次正方行列 X が存在するとき，A を n 次**正則行列**という．また，このとき X を A の**逆行列**といい，A^{-1} と書き表す．

A の逆行列は，もし存在すれば，ただ1つに定まることを注意しておこう．実際に $AX = XA = E$，$AY = YA = E$ とすると，

$$Y = YE = Y(AX) = (YA)X = EX = X$$

となるからである．

例 2.4 $A = \begin{pmatrix} a & b \\ c & d \end{pmatrix}$ に対して，$B = \begin{pmatrix} d & -b \\ -c & a \end{pmatrix}$ とおくと

$$AB = \begin{pmatrix} a & b \\ c & d \end{pmatrix}\begin{pmatrix} d & -b \\ -c & a \end{pmatrix} = \begin{pmatrix} ad-bc & 0 \\ 0 & ad-bc \end{pmatrix} = (ad-bc)E,$$

$$BA = \begin{pmatrix} d & -b \\ -c & a \end{pmatrix}\begin{pmatrix} a & b \\ c & d \end{pmatrix} = \begin{pmatrix} ad-bc & 0 \\ 0 & ad-bc \end{pmatrix} = (ad-bc)E$$

であるので，$ad-bc \neq 0$ であれば，$A^{-1} = \dfrac{1}{ad-bc}B$ である．

逆に $ad-bc = 0$ のときは，$AB = O$ となるので，A は逆行列をもたない．もし A^{-1} があれば，

$$B = (A^{-1}A)B = A^{-1}(AB) = O$$

より $a = b = c = d = 0$ となって，$A = O$．これより $AA^{-1} = O$ と矛盾を生じるからである． ■

> **定理 2.4** A, B を n 次正方行列とする．
>
> （1） A が正則ならば，$A^{-1}, {}^tA$ も正則であり，
>
> $$(A^{-1})^{-1} = A, \quad ({}^tA)^{-1} = {}^t(A^{-1}).$$
>
> （2） A, B が正則ならば，AB も正則であり，
>
> $$(AB)^{-1} = B^{-1}A^{-1}.$$

証明 （1） $X = A^{-1}$ とおくと，$XA = AX = E$ であるので，X は正則であり，逆行列の定義から $A = X^{-1} = (A^{-1})^{-1}$ である．

次に $A^{-1}A = AA^{-1} = E$ のそれぞれの転置をとると，定理 2.3(3)より ${}^tA\,{}^t(A^{-1}) = {}^t(A^{-1})\,{}^tA = {}^tE = E$ なので ${}^tA$ は正則であり，$({}^tA)^{-1} = {}^t(A^{-1})$ である．

（2） $(AB)(B^{-1}A^{-1}) = A(BB^{-1})A^{-1} = AEA^{-1} = AA^{-1} = E$．同じく $(B^{-1}A^{-1})(AB) = E$ がいえるので，AB は正則であり，$(AB)^{-1} = B^{-1}A^{-1}$ である． ▒

定理 2.4 (2) を順に用いることにより，有限個の n 次正則行列 $A_1, A_2, \cdots, A_r$ に対して

$$(A_1A_2\cdots A_r)^{-1} = {A_r}^{-1}\cdots {A_2}^{-1}{A_1}^{-1}$$

の成り立つことがわかる．

▒ **行列の分割** ▒　行列の行と列をそれぞれいくつかの横（点）線と縦（点）線で区切ることにより，小さな行列のブロックに分けられる．これを行列の**分割**という．また，分割された各ブロックを**小行列**という．

例 2.5　$A = \left(\begin{array}{cc:c:c} 3 & -4 & 0 & 1 \\ 4 & 1 & 0 & 1 \\ \hdashline 2 & -1 & -3 & 0 \end{array}\right)$ に対して，$A_{11} = \begin{pmatrix} 3 & -4 \\ 4 & 1 \end{pmatrix}$，$A_{12} = \begin{pmatrix} 0 \\ 0 \end{pmatrix}$，$A_{13} = \begin{pmatrix} 1 \\ 1 \end{pmatrix}$，$A_{21} = (2 \quad -1)$，$A_{22} = (-3)$，$A_{23} = (0)$ とおけば，$A = \begin{pmatrix} A_{11} & A_{12} & A_{13} \\ A_{21} & A_{22} & A_{23} \end{pmatrix}$ と表せる． ▒

行列の列ベクトル表示や行ベクトル表示も行列の分割の 1 つである．

行列の積の計算において，行列の分割が有効なことがある．$A_{m\times n}$ と $B_{n\times p}$ の積 AB において，B の列を $(B_1 \quad B_2)$ と 2 つに分けたとき，AB の列ベクトル表示 (2.14) より明らかに

$$AB = A(B_1 \quad B_2) = (AB_1 \quad AB_2) \tag{2.23}$$

であり，同じく A の行を $\begin{pmatrix} {A_1}' \\ {A_2}' \end{pmatrix}$ と 2 つに分けたときも (2.15) から

$$AB = \begin{pmatrix} {A_1}' \\ {A_2}' \end{pmatrix} B = \begin{pmatrix} {A_1}'B \\ {A_2}'B \end{pmatrix} \tag{2.24}$$

である．次に，自然数の分割 $n = n_1 + n_2$ に応じて A の列を $A = (U \quad V)$，

B の行を $B = \begin{pmatrix} X \\ Y \end{pmatrix}$ と分けよう．U, V の第 i 行をそれぞれ $\boldsymbol{u}_i', \boldsymbol{v}_i'$ とし，X, Y の第 j 列をそれぞれ $\boldsymbol{x}_j, \boldsymbol{y}_j$ としたとき，

$$AB \text{ の } (i, j) \text{ 成分} = (\boldsymbol{u}_i' \quad \boldsymbol{v}_i')\begin{pmatrix} \boldsymbol{x}_j \\ \boldsymbol{y}_j \end{pmatrix}$$

$$= \boldsymbol{u}_i'\boldsymbol{x}_j + \boldsymbol{v}_i'\boldsymbol{y}_j = UX + VY \text{ の } (i, j) \text{ 成分}$$

であるので

$$AB = (U \quad V)\begin{pmatrix} X \\ Y \end{pmatrix} = UX + VY \tag{2.25}$$

が成り立つ．これらから，行列の積と分割に関する次の定理を得る．

> **定理 2.5**　$m \times n$ 行列 A と $n \times p$ 行列 B の分割
>
> $$A = \begin{pmatrix} A_{11} & A_{12} \\ A_{21} & A_{22} \end{pmatrix}, \quad B = \begin{pmatrix} B_{11} & B_{12} \\ B_{21} & B_{22} \end{pmatrix}$$
>
> において，A_{ik} の列の個数 $= B_{kj}$ の行の個数 $(i, j, k = 1, 2)$ とする．このとき，$C_{ij} = A_{i1}B_{1j} + A_{i2}B_{2j}$ とすると
>
> $$AB = \begin{pmatrix} C_{11} & C_{12} \\ C_{21} & C_{22} \end{pmatrix}$$
>
> が成り立つ．

証明　$U = \begin{pmatrix} A_{11} \\ A_{21} \end{pmatrix}$，$V = \begin{pmatrix} A_{12} \\ A_{22} \end{pmatrix}$，$X = (B_{11} \quad B_{12})$，$Y = (B_{21} \quad B_{22})$ とおくと，(2.25) より $AB = UX + VY$ である．また (2.24), (2.23) を用いると

$$UX = \begin{pmatrix} A_{11} \\ A_{21} \end{pmatrix} X = \begin{pmatrix} A_{11}X \\ A_{21}X \end{pmatrix} = \begin{pmatrix} A_{11}B_{11} & A_{11}B_{12} \\ A_{21}B_{11} & A_{21}B_{12} \end{pmatrix},$$

$$VY = \begin{pmatrix} A_{12} \\ A_{22} \end{pmatrix} Y = \begin{pmatrix} A_{12}Y \\ A_{22}Y \end{pmatrix} = \begin{pmatrix} A_{12}B_{21} & A_{12}B_{22} \\ A_{22}B_{21} & A_{22}B_{22} \end{pmatrix}.$$

したがって

$$AB = UX + VY = \begin{pmatrix} A_{11}B_{11} + A_{12}B_{21} & A_{11}B_{12} + A_{12}B_{22} \\ A_{21}B_{11} + A_{22}B_{21} & A_{21}B_{12} + A_{22}B_{22} \end{pmatrix}.$$

∎

例 2.6　A, C を m 次正方行列，B, D を n 次正方行列とするとき

$$\begin{pmatrix} A & O \\ O & B \end{pmatrix}\begin{pmatrix} C & O \\ O & D \end{pmatrix} = \begin{pmatrix} AC & O \\ O & BD \end{pmatrix}.$$

これより，A, B が正則ならば $\begin{pmatrix} A & O \\ O & B \end{pmatrix}$ は逆行列 $\begin{pmatrix} A & O \\ O & B \end{pmatrix}^{-1} = \begin{pmatrix} A^{-1} & O \\ O & B^{-1} \end{pmatrix}$ をもつことがわかる． ▒

(2.23), (2.24), (2.25) をくり返し使うことにより，定理2.5は一般個数の分割の場合まで拡張される．2つの分割された行列を小行列を成分とする行列とみなして，積が計算できるように分割されていれば通常の行列の積のように計算できることがわかる．

問　題

2.11　$A = \begin{pmatrix} 1 & 0 & 1 \\ 0 & 2 & -1 \\ -1 & 3 & 0 \end{pmatrix}$, $B = \begin{pmatrix} -2 & 1 & 0 \\ 1 & 1 & 2 \\ 3 & -1 & 1 \end{pmatrix}$ とするとき，次を計算せよ．

（1）$^t(A + {}^tB)$　（2）$AB - {}^tB\,{}^tA$　（3）$A\,{}^tA + AB + {}^tB\,{}^tA + {}^tBB$

2.12　$A = \begin{pmatrix} -3 & 0 & 3 \\ -2 & 1 & 4 \\ -1 & 2 & 5 \end{pmatrix}$ を対称行列と交代行列の和で表せ．

2.13（1）$A^2 = \begin{pmatrix} 4 & -6 \\ 0 & 25 \end{pmatrix}$ をみたす整数成分の上三角行列 A を求めよ．

（2）$A^3 = \begin{pmatrix} -1 & 0 \\ 27 & 8 \end{pmatrix}$ をみたす下三角行列 A を求めよ．

2.14　$A = \begin{pmatrix} 1 & a & c \\ 0 & 1 & b \\ 0 & 0 & 1 \end{pmatrix}$, $X = \begin{pmatrix} 1 & x & z \\ 0 & 1 & y \\ 0 & 0 & 1 \end{pmatrix}$ に対して AX を計算し，A の逆行列を求めよ．

2.15　A を正則行列とするとき，自然数 n に対して $(A^n)^{-1} = (A^{-1})^n$ であることを示せ．

2.16　A を n 次正則行列，B を A の逆行列とすとき，${}^tB\,{}^t\begin{pmatrix} A \\ E_n \end{pmatrix}\begin{pmatrix} A \\ {}^tA \end{pmatrix}$ を計算せよ．

2.17（1）A, B をそれぞれ m 次，n 次の正則行列，C を $m \times n$ 行列とし，$X = \begin{pmatrix} A & C \\ O & B \end{pmatrix}$ とするとき，$X^{-1} = \begin{pmatrix} A^{-1} & -A^{-1}CB^{-1} \\ O & B^{-1} \end{pmatrix}$ であることを示せ．

（2） $\begin{pmatrix} 2 & 3 & 1 & 1 \\ 1 & 1 & 1 & 1 \\ 0 & 0 & 0 & 1 \\ 0 & 0 & 1 & 0 \end{pmatrix}$の逆行列を求めよ.

3

行列式

3.1 行列式の定義

2次・3次の行列式 行列式は連立1次方程式の一般的解法にその端を発している．2元連立1次方程式

$$\begin{cases} a_{11}x+a_{12}y = b_1 \cdots\cdots ① \\ a_{21}x+a_{22}y = b_2 \cdots\cdots ② \end{cases} \tag{3.1}$$

を考えよう．①$\times a_{22}-$②$\times a_{12}$ により y を消去して

$$(a_{11}a_{22}-a_{12}a_{21})x = b_1a_{22}-b_2a_{12},$$

②$\times a_{11}-$①$\times a_{21}$ により x を消去して

$$(a_{11}a_{22}-a_{12}a_{21})y = a_{11}b_2-a_{21}b_1.$$

ここに現れた x, y の共通の係数は，第1章で定義した2次の行列式

$$\begin{vmatrix} a_{11} & a_{12} \\ a_{21} & a_{22} \end{vmatrix} = a_{11}a_{22}-a_{12}a_{21} \tag{3.2}$$

である．これを行列 $A = \begin{pmatrix} a_{11} & a_{12} \\ a_{21} & a_{22} \end{pmatrix}$ の**行列式**といい，簡単に $|A|$ でも表す．

この記号を用いると，$|A| \neq 0$ のとき(3.1)の解は

$$x = \frac{\begin{vmatrix} b_1 & a_{12} \\ b_2 & a_{22} \end{vmatrix}}{\begin{vmatrix} a_{11} & a_{12} \\ a_{21} & a_{22} \end{vmatrix}}, \quad y = \frac{\begin{vmatrix} a_{11} & b_1 \\ a_{21} & b_2 \end{vmatrix}}{\begin{vmatrix} a_{11} & a_{12} \\ a_{21} & a_{22} \end{vmatrix}} \tag{3.3}$$

と表される．

次に3元連立1次方程式

$$\begin{cases} a_{11}x+a_{12}y+a_{13}z = b_1 \cdots\cdots ③ \\ a_{21}x+a_{22}y+a_{23}z = b_2 \cdots\cdots ④ \\ a_{31}x+a_{32}y+a_{33}z = b_3 \cdots\cdots ⑤ \end{cases} \tag{3.4}$$

を考えよう．④$\times a_{33}-$⑤$\times a_{23}$ により z を消去すると

$$\begin{vmatrix} a_{21} & a_{23} \\ a_{31} & a_{33} \end{vmatrix} x + \begin{vmatrix} a_{22} & a_{23} \\ a_{32} & a_{33} \end{vmatrix} y = \begin{vmatrix} b_2 & a_{23} \\ b_3 & a_{33} \end{vmatrix}, \cdots\cdots ⑥$$

④$\times a_{32}-$⑤$\times a_{22}$ により y を消去すると

$$\begin{vmatrix} a_{21} & a_{22} \\ a_{31} & a_{32} \end{vmatrix} x - \begin{vmatrix} a_{22} & a_{23} \\ a_{32} & a_{33} \end{vmatrix} z = \begin{vmatrix} b_2 & a_{22} \\ b_3 & a_{32} \end{vmatrix}. \cdots\cdots ⑦$$

このとき③$\times \begin{vmatrix} a_{22} & a_{23} \\ a_{32} & a_{33} \end{vmatrix}$ と⑥，⑦より

$$\left(a_{11} \begin{vmatrix} a_{22} & a_{23} \\ a_{32} & a_{33} \end{vmatrix} - a_{12} \begin{vmatrix} a_{21} & a_{23} \\ a_{31} & a_{33} \end{vmatrix} + a_{13} \begin{vmatrix} a_{21} & a_{22} \\ a_{31} & a_{32} \end{vmatrix} \right) x$$

$$= b_1 \begin{vmatrix} a_{22} & a_{23} \\ a_{32} & a_{33} \end{vmatrix} - a_{12} \begin{vmatrix} b_2 & a_{23} \\ b_3 & a_{33} \end{vmatrix} + a_{13} \begin{vmatrix} b_2 & a_{22} \\ b_3 & a_{32} \end{vmatrix}. \cdots\cdots ⑧$$

ここに現れた x の係数を 3 次正方行列 $A=(a_{ij})$ の行列式といい，$|A|$ で表す．すなわち

$$|A| = a_{11} \begin{vmatrix} a_{22} & a_{23} \\ a_{32} & a_{33} \end{vmatrix} - a_{12} \begin{vmatrix} a_{21} & a_{23} \\ a_{31} & a_{33} \end{vmatrix} + a_{13} \begin{vmatrix} a_{21} & a_{22} \\ a_{31} & a_{32} \end{vmatrix}. \tag{3.5}$$

この値は第 1 章で定義した (1.20) の 3 次の行列式

$$\begin{vmatrix} a_{11} & a_{12} & a_{13} \\ a_{21} & a_{22} & a_{23} \\ a_{31} & a_{32} & a_{33} \end{vmatrix} = \begin{aligned} &a_{11}a_{22}a_{33}+a_{12}a_{23}a_{31}+a_{13}a_{21}a_{32} \\ &-a_{11}a_{23}a_{32}-a_{12}a_{21}a_{33}-a_{13}a_{22}a_{31} \end{aligned}$$

と同じである．これを用いれば $|A| \neq 0$ とき，⑧より

$$x = \frac{1}{|A|} \begin{vmatrix} b_1 & a_{12} & a_{13} \\ b_2 & a_{22} & a_{23} \\ b_3 & a_{32} & a_{33} \end{vmatrix}$$

となる．y, z についても同様である．一般の多元連立 1 次方程式の解法については，3.5 節以降で述べることにする．

注意 3.1　2, 3 次の行列式の値は，次の図を利用すれば記憶しやすい．この図に従った計算法を**たすきがけ**および**サラスの方法**という．しかし，これらの計算法は，後に定義する 4 次以上の行列式に対しては使えないので注意しておく．

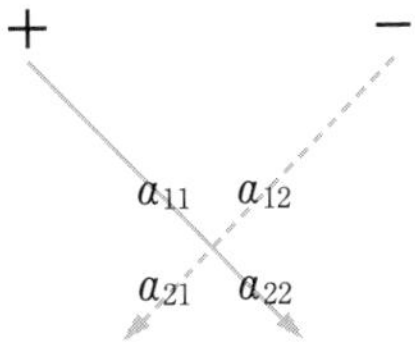

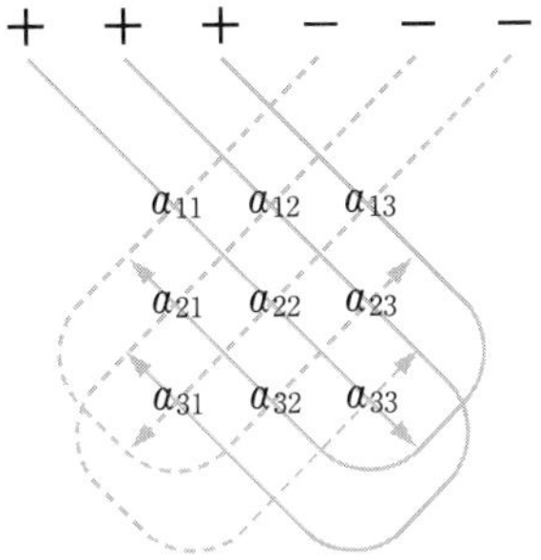

例 3.1
$$\begin{vmatrix} a & b & c \\ c & a & b \\ b & c & a \end{vmatrix} = a^3+b^3+c^3-cab-bca-acb = a^3+b^3+c^3-3abc.$$ ▒

▒ ***n* 次の行列式** ▒　$A = (a_{ij})$ を n 次正方行列とする．(3.5) を一般化して，n 次の行列式 $|A|$ を $n-1$ 次の行列式を用いて帰納的に次のように定義しよう．

$n=1$ のとき，$|A| = a_{11} (= A)$．

$n \geqq 2$ のとき，

$$\begin{aligned} |A| &= a_{11}|A_{11}| - a_{12}|A_{12}| + a_{13}|A_{13}| - \cdots + (-1)^{1+n} a_{1n}|A_{1n}| \\ &= \sum_{j=1}^{n} (-1)^{1+j} a_{1j}|A_{1j}|. \end{aligned}$$
（これを $|A|$ の**第 1 行での展開**という．）　(3.6)

ここで，一般に A_{ij} は A から第 i 行と第 j 列を取り除いてできる $n-1$ 次正方行列を表し，以後もこの記法を用いる．A_{1j} は次のようになる．

$$A_{1j} = \begin{pmatrix} a_{11} & \cdots & a_{1j} & \cdots & a_{1n} \\ a_{21} & \cdots & & \cdots & a_{2n} \\ \vdots & \vdots & \vdots & \vdots & \vdots \\ a_{n1} & \cdots & a_{nj} & \cdots & a_{nn} \end{pmatrix}$$
（網掛けの部分を取り除く）．

例 3.2 (3.6)の定義に従えば，$A=\begin{pmatrix} a_{11} & a_{12} \\ a_{21} & a_{22} \end{pmatrix}$ に対して，$A_{11}=a_{22}$，$A_{12}=a_{21}$ より

$$|A| = a_{11}|A_{11}| - a_{12}|A_{12}| = a_{11}a_{22} - a_{12}a_{21}.$$

▮

例 3.3 $A=\begin{pmatrix} 1 & 1 & 0 & 2 \\ 0 & 7 & 1 & 1 \\ 3 & 8 & 1 & 0 \\ 5 & 6 & 1 & 5 \end{pmatrix}$ とすると，$|A|$ の第 1 行での展開は

$$|A| = 1\cdot|A_{11}| - 1\cdot|A_{12}| + 0\cdot|A_{13}| - 2\cdot|A_{14}|$$

であり，

$$|A_{11}| = \begin{vmatrix} 7 & 1 & 1 \\ 8 & 1 & 0 \\ 6 & 1 & 5 \end{vmatrix} = -3, \quad |A_{12}| = \begin{vmatrix} 0 & 1 & 1 \\ 3 & 1 & 0 \\ 5 & 1 & 5 \end{vmatrix} = -17,$$

$$|A_{14}| = \begin{vmatrix} 0 & 7 & 1 \\ 3 & 8 & 1 \\ 5 & 6 & 1 \end{vmatrix} = -8$$

であるので $|A| = -3-(-17)+0\cdot|A_{13}|-2\cdot(-8) = 30.$ ▮

例題 3.1 下三角行列の行列式について次を示せ．

$$\begin{vmatrix} a_{11} & & & O \\ a_{21} & a_{22} & & \\ \vdots & \vdots & \ddots & \\ a_{n1} & a_{n2} & \cdots & a_{nn} \end{vmatrix} = a_{11}a_{22}\cdots a_{nn}.$$

とくに，$|kE_n| = k^n$.

解 行列式の次数 n に関する帰納法で示す．$n=1$ のときは明らか．$n-1$ のとき成り立つと仮定する $(n \geqq 2)$．下三角行列 $A=(a_{ij})$ において，$a_{12}=\cdots=a_{1n}=0$ より (3.6) から

$$|A| = a_{11}\begin{vmatrix} a_{22} & & O \\ & \ddots & \\ * & & a_{nn} \end{vmatrix} = a_{11}a_{22}\cdots a_{nn}.$$

問　題

3.1 次の行列式の値を求めよ．

（1）$\begin{vmatrix} 1 & 2 & 3 \\ 2 & 3 & 4 \\ 3 & 4 & 5 \end{vmatrix}$　（2）$\begin{vmatrix} 1 & a & c \\ -a & 1 & b \\ -c & -b & 1 \end{vmatrix}$

（3）$\begin{vmatrix} 0 & 0 & 0 & 1 \\ 0 & 0 & 1 & 0 \\ 0 & 1 & 0 & 0 \\ 1 & 0 & 0 & 0 \end{vmatrix}$　（4）$\begin{vmatrix} a_{11} & a_{12} & 0 & 0 \\ 0 & a_{22} & a_{23} & 0 \\ 0 & 0 & a_{33} & a_{34} \\ a_{41} & 0 & 0 & a_{44} \end{vmatrix}$

3.2 次をみたす x を求めよ．

（1）$\begin{vmatrix} x-3 & 2 \\ 2 & x-5 \end{vmatrix} = 0$　（2）$\begin{vmatrix} x & 1 & 1 \\ 2 & x-1 & 1 \\ 2 & 2 & x-2 \end{vmatrix} = 0$

（3）$\begin{vmatrix} 0 & x & 1 & 0 \\ 1 & 0 & 0 & x \\ x & 0 & 0 & 1 \\ 0 & 1 & x & 0 \end{vmatrix} = 0$

3.3 (3.3) を利用して次の連立1次方程式を解け．

（1）$\begin{cases} 2x+3y = -1 \\ 5x+7y = 4 \end{cases}$　（2）$\begin{cases} (2a-1)x + ay = 3 \\ 4ax + (2a+1)y = 1 \end{cases}$

3.2　行列式の性質（1）

行列式の値は，定義から，原理的には順に次数の低い行列式に帰着させて求めることができる．しかしながら，行列式の次数が大きくなると，その計算は膨大なものになる．そこで，行列式の計算を簡単にするために用いる行列式の性質を説明しよう．初学者においては証明にとらわれず，まず行列式の性質を用いて行列式の計算に習熟することを念頭に読み進まれたい．

n 次正方行列 $A=(a_{ij})$ の列ベクトル表示を $(\boldsymbol{a}_1 \ \ \boldsymbol{a}_2 \ \ \cdots \ \ \boldsymbol{a}_n)$ とするとき，行列式 $|A|$ を $|\boldsymbol{a}_1 \ \ \boldsymbol{a}_2 \ \ \cdots \ \ \boldsymbol{a}_n|$ と表すことにする．

定理 3.1（行列式の基本的性質） n 次の行列式の列に関して，次のことが成り立つ．

（1） ある列を k 倍すると，行列式の値は k 倍になる．

$$|\boldsymbol{a}_1 \ \cdots \ k\boldsymbol{a}_i \ \cdots \ \boldsymbol{a}_n| = k\,|\boldsymbol{a}_1 \ \cdots \ \boldsymbol{a}_i \ \cdots \ \boldsymbol{a}_n|.$$

（2） ある列が 2 つの列ベクトルの和 $\boldsymbol{a}_i+\boldsymbol{b}_i$ であるとき，行列式の値はその列だけをそれぞれ $\boldsymbol{a}_i$ と $\boldsymbol{b}_i$ で置き換えた行列式の和になる．

$$\begin{aligned}|\boldsymbol{a}_1 \ \cdots \ \boldsymbol{a}_i+\boldsymbol{b}_i \ \cdots \ \boldsymbol{a}_n| &= |\boldsymbol{a}_1 \ \cdots \ \boldsymbol{a}_i \ \cdots \ \boldsymbol{a}_n| \\ &\quad +|\boldsymbol{a}_1 \ \cdots \ \boldsymbol{b}_i \ \cdots \ \boldsymbol{a}_n|.\end{aligned}$$

（3） 2 つの列を入れ替えると，行列式の値は -1 倍になる．

$$|\boldsymbol{a}_1 \ \cdots \ \overset{\overset{i}{\vee}}{\boldsymbol{a}_j} \ \cdots \ \overset{\overset{j}{\vee}}{\boldsymbol{a}_i} \ \cdots \ \boldsymbol{a}_n| = -|\boldsymbol{a}_1 \ \cdots \ \overset{\overset{i}{\vee}}{\boldsymbol{a}_i} \ \cdots \ \overset{\overset{j}{\vee}}{\boldsymbol{a}_j} \ \cdots \ \boldsymbol{a}_n|.$$

例 3.4 2 次の行列式で，基本的性質をもつことを確かめてみよう．

$$\begin{vmatrix} ka & b \\ kc & d \end{vmatrix} = kad-bkc = k(ad-bc) = k\begin{vmatrix} a & b \\ c & d \end{vmatrix},$$

$$\begin{aligned}\begin{vmatrix} a+a' & b \\ c+c' & d \end{vmatrix} &= (a+a')d-b(c+c') = (ad-bc)+(a'd-bc') \\ &= \begin{vmatrix} a & b \\ c & d \end{vmatrix}+\begin{vmatrix} a' & b \\ c' & d \end{vmatrix},\end{aligned}$$

$$\begin{vmatrix} b & a \\ d & c \end{vmatrix} = bc-ad = -(ad-bc) = -\begin{vmatrix} a & b \\ c & d \end{vmatrix}. \qquad \blacksquare$$

例 3.5 $$\begin{vmatrix} 1 & 22 & 0 \\ 2 & 33 & -2 \\ 3 & 44 & -1 \end{vmatrix} = 11\begin{vmatrix} 1 & 2 & 0 \\ 2 & 3 & -2 \\ 3 & 4 & -1 \end{vmatrix} = 11\cdot(-3) = -33,$$

$$\begin{vmatrix} a & 2 & 0 \\ b & -5 & 1 \\ c & 7 & 2 \end{vmatrix} - \begin{vmatrix} 0 & -2 & a \\ 1 & 6 & b \\ 2 & -7 & c \end{vmatrix} = \begin{vmatrix} a & 2 & 0 \\ b & -5 & 1 \\ c & 7 & 2 \end{vmatrix} + \begin{vmatrix} a & -2 & 0 \\ b & 6 & 1 \\ c & -7 & 2 \end{vmatrix}$$

$$= \begin{vmatrix} a & 0 & 0 \\ b & 1 & 1 \\ c & 0 & 2 \end{vmatrix} = 2a.$$ ▮

定理 3.1 の証明* 2 次以下の行列式については成り立つので，以下 $|A|$ の次数 n に関する帰納法により証明しよう．$A = (\boldsymbol{a}_1 \ \cdots \ \boldsymbol{a}_n)$ とする．n 次正方行列 X に対して，X_{1i} は X から第 1 行と第 i 列を取り除いた $n-1$ 次正方行列を表す．

（1） $B = (\boldsymbol{a}_1 \ \cdots \ k\boldsymbol{a}_i \ \cdots \ \boldsymbol{a}_n)$ とする．B の第 1 行は $a_{11}, \cdots, ka_{1i}, \cdots, a_{1n}$ であり，帰納法の仮定から $j \neq i$ のとき $|B_{1j}| = k\,|A_{1j}|$，また $B_{1i} = A_{1i}$ である．したがって，行列式の定義から

$$\begin{aligned} |B| &= a_{11}\,|B_{11}| + \cdots + (-1)^{1+i} k a_{1i}\,|B_{1i}| + \cdots + (-1)^{1+n} a_{1n}\,|B_{1n}| \\ &= a_{11}k\,|A_{11}| + \cdots + (-1)^{1+i} k a_{1i}\,|A_{1i}| + \cdots + (-1)^{1+n} a_{1n}k\,|A_{1n}| \\ &= k|A|. \end{aligned}$$

（2） $B = (\boldsymbol{a}_1 \ \cdots \ \boldsymbol{b}_i \ \cdots \ \boldsymbol{a}_n)$，$C = (\boldsymbol{a}_1 \ \cdots \ \boldsymbol{a}_i + \boldsymbol{b}_i \ \cdots \ \boldsymbol{a}_n)$ とし，$\boldsymbol{b}_i$ の第 1 成分を b_{1i} とする．C の第 1 行は $a_{11}, \cdots, a_{1i}+b_{1i}, \cdots, a_{1n}$ であり，帰納法の仮定から $j \neq i$ のとき $|C_{1j}| = |A_{1j}| + |B_{1j}|$，また $C_{1i} = B_{1i} = A_{1i}$ である．したがって

$$\begin{aligned} |C| &= a_{11}\,|C_{11}| + \cdots + (-1)^{1+i}(a_{1i}+b_{1i})|C_{1i}| + \cdots + (-1)^{1+n} a_{1n}\,|C_{1n}| \\ &= a_{11}(|A_{11}| + |B_{11}|) + \cdots + (-1)^{1+i}(a_{1i}\,|A_{1i}| + b_{1i}\,|B_{1i}|) + \cdots \\ &\quad + (-1)^{1+n} a_{1n}(|A_{1n}| + |B_{1n}|) \\ &= |A| + |B|. \end{aligned}$$

（3） まず，A の 2 つの隣り合う列 $\boldsymbol{a}_i$ と $\boldsymbol{a}_{i+1}$ を入れ替えた行列を B として $|B| = -|A|$ を示そう．帰納法の仮定から $p \neq i, i+1$ のとき $|B_{1p}| = -|A_{1p}|$ であり，また $B_{1i} = A_{1\,i+1}$，$B_{1\,i+1} = A_{1i}$ であることに注意しよう．このとき

$$\begin{aligned} |B| &= a_{11}\,|B_{11}| + \cdots + (-1)^{1+i} a_{1\,i+1}\,|B_{1i}| + (-1)^{1+i+1} a_{1i}\,|B_{1\,i+1}| \\ &\quad + \cdots + (-1)^{1+n} a_{1n}\,|B_{1n}| \\ &= -a_{11}\,|A_{11}| - \cdots - (-1)^{1+i} a_{1i}\,|A_{1i}| - (-1)^{1+i+1} a_{1\,i+1}\,|A_{1\,i+1}| \\ &\quad - \cdots - (-1)^{1+n} a_{1n}\,|A_{1n}| \\ &= -|A|. \end{aligned}$$

次に，一般に $j > i$ とする．A の第 i 列 $\boldsymbol{a}_i$ を順に右隣の列 $\boldsymbol{a}_{i+1}, \boldsymbol{a}_{i+2}, \cdots, \boldsymbol{a}_j$ と $(j-i)$ 回の入れ替えをして $(\boldsymbol{a}_1 \ \cdots \ \boldsymbol{a}_{i-1} \ \boldsymbol{a}_{i+1} \ \cdots \ \boldsymbol{a}_j \ \boldsymbol{a}_i \ \boldsymbol{a}_{j+1} \ \cdots \ \boldsymbol{a}_n)$ とし，続けて $\boldsymbol{a}_j$ を順に左隣の列 $\boldsymbol{a}_{j-1}, \cdots, \boldsymbol{a}_{i+1}$ と $(j-i-1)$ 回の入れ替えをすると $(\boldsymbol{a}_1 \ \cdots \ \boldsymbol{a}_j \ \cdots \ \boldsymbol{a}_i \ \cdots \ \boldsymbol{a}_n)$ となる．合計 $2(j-i)-1$ 回の隣どうしの入れ替えを行ったので，$|\boldsymbol{a}_1 \ \cdots \ \boldsymbol{a}_j \ \cdots \ \boldsymbol{a}_i \ \cdots \ \boldsymbol{a}_n| = (-1)^{2(j-i)-1}\,|A| = -|A|$ を得る．$j < i$ のときも同様である． ▮

行列式の基本的性質から導かれる次の性質は，行列式の計算に有用である．

定理 3.2　n 次の行列式の列に関して，次のことが成り立つ．

（4）　2 つの列が等しい行列式の値は 0 である．

$$|\boldsymbol{a}_1 \ \cdots \ \overset{\overset{i}{\vee}}{\boldsymbol{a}_i} \ \cdots \ \overset{\overset{j}{\vee}}{\boldsymbol{a}_i} \ \cdots \ \boldsymbol{a}_n| = 0.$$

（5）　ある列の成分がすべて 0 のとき，行列式の値は 0 である．

$$|\boldsymbol{a}_1 \ \cdots \ \boldsymbol{o} \ \cdots \ \boldsymbol{a}_n| = 0.$$

（6）　ある列に他の列の k 倍を加えても行列式の値は変わらない．

$$|\boldsymbol{a}_1 \ \cdots \ \overset{\overset{i}{\vee}}{\boldsymbol{a}_i+k\boldsymbol{a}_j} \ \cdots \ \overset{\overset{j}{\vee}}{\boldsymbol{a}_j} \ \cdots \ \boldsymbol{a}_n| = |\boldsymbol{a}_1 \ \cdots \ \overset{\overset{i}{\vee}}{\boldsymbol{a}_i} \ \cdots \ \overset{\overset{j}{\vee}}{\boldsymbol{a}_j} \ \cdots \ \boldsymbol{a}_n|.$$

証明　（4）　定理 3.1（3）において，$\boldsymbol{a}_i = \boldsymbol{a}_j$ のとき $|A| = -|A|$ から $|A| = 0$ である．

（5）　定理 3.1（1）において，$k = 0$ とすればよい．

（6）　定理 3.1（2）と上の（4）を用いれば

$$\begin{aligned}
&|\boldsymbol{a}_1 \ \cdots \ \boldsymbol{a}_i+k\boldsymbol{a}_j \ \cdots \ \boldsymbol{a}_j \ \cdots \ \boldsymbol{a}_n| \\
&\quad = |\boldsymbol{a}_1 \ \cdots \ \boldsymbol{a}_i \ \cdots \ \boldsymbol{a}_j \ \cdots \ \boldsymbol{a}_n| + |\boldsymbol{a}_1 \ \cdots \ k\boldsymbol{a}_j \ \cdots \ \boldsymbol{a}_j \ \cdots \ \boldsymbol{a}_n| \\
&\quad = |\boldsymbol{a}_1 \ \cdots \ \boldsymbol{a}_i \ \cdots \ \boldsymbol{a}_j \ \cdots \ \boldsymbol{a}_n| + k|\boldsymbol{a}_1 \ \cdots \ \boldsymbol{a}_j \ \cdots \ \boldsymbol{a}_j \ \cdots \ \boldsymbol{a}_n| \\
&\quad = |\boldsymbol{a}_1 \ \cdots \ \boldsymbol{a}_i \ \cdots \ \boldsymbol{a}_j \ \cdots \ \boldsymbol{a}_n|.
\end{aligned}$$

■

例 3.6　$$\begin{vmatrix} a & d & 2a \\ b & e & 2b \\ c & f & 2c \end{vmatrix} = 2\begin{vmatrix} a & d & a \\ b & e & b \\ c & f & c \end{vmatrix} = 0,$$

$$\begin{vmatrix} 1 & -3 & 2 \\ -9 & 29 & -18 \\ 8 & 10 & 19 \end{vmatrix} \underset{\substack{\boxed{2}+\boxed{1}\times 3 \\ \boxed{3}+\boxed{1}\times(-2)}}{=} \begin{vmatrix} 1 & 0 & 0 \\ -9 & 2 & 0 \\ 8 & 34 & 3 \end{vmatrix} = 6.$$

ここで，$\boxed{i}+\boxed{j}\times k$ は第 i 列に第 j 列の k 倍を加えることを表す．■

参考　n 次正方行列 $A = (a_{ij}) = (\boldsymbol{a}_1 \ \cdots \ \boldsymbol{a}_n)$ において $\boldsymbol{a}_j = \sum_{i=1}^{n} a_{ij}\boldsymbol{e}_i$ と表されるので，行列式の基本的性質（1），（2）をくり返し用いると，

$$
\begin{aligned}
|\boldsymbol{a}_1 \quad \boldsymbol{a}_2 \quad \cdots \quad \boldsymbol{a}_n| &= \left|\sum_{i_1=1}^{n} a_{i_1 1}\boldsymbol{e}_{i_1} \quad \boldsymbol{a}_2 \quad \cdots \quad \boldsymbol{a}_n\right| \\
&= \sum_{i_1=1}^{n} a_{i_1 1}|\boldsymbol{e}_{i_1} \quad \boldsymbol{a}_2 \quad \cdots \quad \boldsymbol{a}_n| = \sum_{i_1=1}^{n} a_{i_1 1}\left|\boldsymbol{e}_{i_1} \sum_{i_2=1}^{n} a_{i_2 2}\boldsymbol{e}_{i_2} \quad \cdots \quad \boldsymbol{a}_n\right| = \cdots \\
&= \sum_{i_1=1}^{n}\sum_{i_2=1}^{n}\cdots\sum_{i_n=1}^{n} a_{i_1 1}a_{i_2 2}\cdots a_{i_n n}|\boldsymbol{e}_{i_1} \quad \boldsymbol{e}_{i_2} \quad \cdots \quad \boldsymbol{e}_{i_n}|.
\end{aligned}
$$

ここで，$i_1, i_2, \cdots, i_n$ の中に同じものがある項は 0 なので，$i_1, i_2, \cdots, i_n$ がすべて異なるもの，すなわち $1, 2, \cdots, n$ の順列 $(i_1 \ i_2 \ \cdots \ i_n)$ についてのみ和をとればよい．また，基本的性質 (3) によって，$|\boldsymbol{e}_{i_1} \quad \boldsymbol{e}_{i_2} \quad \cdots \quad \boldsymbol{e}_{i_n}|$ を $|\boldsymbol{e}_1 \quad \boldsymbol{e}_2 \quad \cdots \quad \boldsymbol{e}_n| = 1$ にするために必要な列交換回数の偶数か奇数かに応じて，$|\boldsymbol{e}_{i_1} \quad \boldsymbol{e}_{i_2} \quad \cdots \quad \boldsymbol{e}_{i_n}| = 1$ または -1 となることがわかる．これを $\varepsilon(i_1 \ i_2 \ \cdots \ i_n)$ と表すことにすれば，行列式を完全に展開した式

$$
|A| = \sum_{(i_1 \ i_2 \ \cdots \ i_n)} \varepsilon(i_1 \ i_2 \ \cdots \ i_n) a_{i_1 1}a_{i_2 2}\cdots a_{i_n n} \qquad (*)
$$

を得ることができる．

行列式 $|A|$ の定義には，(3.6) のように帰納的に定める方法の他に，(＊) により定める方法と，定理 3.1 の基本的性質 (1)，(2)，(3) および $|E_n| = 1$ をみたすものとして定める方法がある．

問　題

3.4　次の行列式の値を求めよ．

（1）$\begin{vmatrix} 1998 & 1999 \\ 2002 & 2001 \end{vmatrix}$　（2）$\begin{vmatrix} 13 & 5 & 1/3 \\ 26 & 15 & 4/3 \\ 39 & 25 & 2 \end{vmatrix}$　（3）$\begin{vmatrix} 1 & 1 & 1 & 1 \\ 1 & a & 1 & 1 \\ 1 & 1 & a+1 & 1 \\ 1 & 1 & 1 & a+2 \end{vmatrix}$

（4）$\begin{vmatrix} 1 & 1 & 2 & 2 \\ 2 & 3 & 2 & 3 \\ 3 & 4 & 4 & 3 \\ 4 & 3 & 3 & 4 \end{vmatrix}$　（5）$\begin{vmatrix} 0 & 1 & 1 & 1 & 1 \\ 1 & 0 & 1 & 1 & 1 \\ 1 & 1 & 0 & 1 & 1 \\ 1 & 1 & 1 & 0 & 1 \\ 1 & 1 & 1 & 1 & 0 \end{vmatrix}$

3.5　$n = 2m, 2m+1$ のとき次を示せ．

$$
\begin{vmatrix} & O & & a_{1n} \\ & & a_{2\,n-1} & a_{2n} \\ & \iddots & \vdots & \vdots \\ a_{n1} & \cdots & a_{n\,n-1} & a_{nn} \end{vmatrix} = (-1)^m a_{1n}a_{2\,n-1}\cdots a_{n1}
$$

3.6　A, B を $2n \times n$ 行列，k をスカラーとするとき次が成り立つことを示せ．

（1）$|B \quad A| = (-1)^n |A \quad B|$　（2）$|A \quad B+kA| = |A \quad B|$

3.3 行列式の性質（2）

第1列での展開　行列式を第1行での展開 (3.6)，すなわち

$$|A| = a_{11}|A_{11}| - a_{12}|A_{12}| + \cdots + (-1)^{1+j}a_{1j}|A_{1j}| + \cdots + (-1)^{1+n}a_{1n}|A_{1n}|$$

により定義したが，これを第1列の成分 $a_{11}, a_{21}, \cdots, a_{n1}$ について整理してみよう．

例 3.7 $\begin{vmatrix} a_{11} & a_{12} \\ a_{21} & a_{22} \end{vmatrix} = a_{11}a_{22} - a_{21}a_{12} = a_{11}|A_{11}| - a_{21}|A_{21}|.$

3 次正方行列 $A = (a_{ij})$ に対しては，(3.5) より

$$\begin{aligned} |A| &= a_{11}|A_{11}| - a_{12}(a_{21}a_{33} - a_{23}a_{31}) + a_{13}(a_{21}a_{32} - a_{22}a_{31}) \\ &= a_{11}|A_{11}| - a_{21}(a_{12}a_{33} - a_{13}a_{32}) + a_{31}(a_{12}a_{23} - a_{13}a_{22}) \\ &= a_{11}|A_{11}| - a_{21}|A_{21}| + a_{31}|A_{31}|. \end{aligned}$$

▮

この例は n 次正方行列に対して一般化される．

> **定理 3.3**　n 次正方行列 $A = (a_{ij})$ に対して，次が成り立つ．
>
> $$\begin{aligned} |A| &= a_{11}|A_{11}| - a_{21}|A_{21}| + \cdots + (-1)^{i+1}a_{i1}|A_{i1}| + \cdots + (-1)^{n+1}a_{n1}|A_{n1}| \\ &= \sum_{i=1}^{n}(-1)^{i+1}a_{i1}|A_{i1}| \end{aligned}$$
>
> （これを $|A|$ の**第1列での展開**という）
>
> (3.7)

証明*　$n = 2, 3$ では成立しているので，以下帰納法で示す．$n-1$ での帰納法の仮定を用いて，$|A_{1j}|$ を第1列で展開する ($j \geqq 2$)．A から第1行，第 i 行，第1列，第 j 列を取り除いた $n-2$ 次正方行列を，ここでは B_{ij} と書くことにすると ($i, j \geqq 2$)，$B_{ij} = (A_{1j})_{i-1\,1} = (A_{i1})_{1\,j-1}$ である．

$B_{ij} =$ 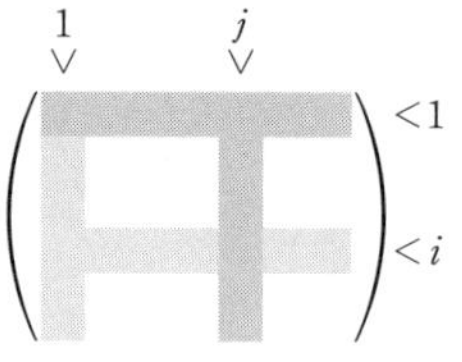

（網掛けの部分を除く）

$(-1)^{1+j}a_{1j}|A_{1j}| = (-1)^{1+j}a_{1j}(a_{21}|B_{2j}| - \cdots + (-1)^{i}a_{i1}|B_{ij}| + \cdots + (-1)^{n}a_{n1}|B_{nj}|)$
より，

$$(3.6)\text{ の右辺} = a_{11}|A_{11}| + \sum_{j=2}^{n}\sum_{i=2}^{n}(-1)^{i+j+1}a_{1j}a_{i1}|B_{ij}|.$$

一方，(3.7) 右辺の各 $|A_{i1}|$ を第1行で展開すると ($i \geqq 2$)，

$$(-1)^{i+1}a_{i1}|A_{i1}| = (-1)^{i+1}a_{i1}(a_{12}|B_{i2}| - \cdots + (-1)^j a_{1j}|B_{ij}| + \cdots + (-1)^n a_{1n}|B_{in}|)$$

より，

$$(3.7)\ \text{の右辺} = a_{11}\,|A_{11}| + \sum_{i=2}^{n}\sum_{j=2}^{n}(-1)^{i+j+1}a_{i1}a_{1j}\,|B_{ij}|.$$

したがって，(3.7) の右辺 = (3.6) の右辺 = $|A|$ が成り立つ． ■

■ 転置行列の行列式 ■　正方行列 A の転置行列 ${}^tA$ の行列式について次の定理が成り立つ．

定理 3.4	$|{}^tA| = |A|.$

証明　帰納法で示す．$n=1$ のときには明らかである．n 次正方行列 $A=(a_{ij})$ の転置行列 ${}^tA = A'$ とおくとき，$A'_{i1} = {}^t(A_{1i})$ であるから，$n-1$ のときの帰納法の仮定により $|A'_{i1}| = |A_{1i}|$ である ($i = 1, 2, \cdots, n$)．A' の第 1 列は $a_{11}, \cdots, a_{1i}, \cdots, a_{1n}$ であるから $|A'|$ を第 1 列で展開すると，

$$\begin{aligned}|A'| &= a_{11}\,|A'_{11}| - \cdots + (-1)^{i+1}a_{1i}\,|A'_{i1}| + \cdots + (-1)^{n+1}a_{1n}\,|A'_{n1}|\\ &= a_{11}\,|A_{11}| - \cdots + (-1)^{1+i}a_{1i}\,|A_{1i}| + \cdots + (-1)^{1+n}a_{1n}\,|A_{1n}|\\ &= |A|.\end{aligned}$$

■

転置行列をとることにより，もとの行列の第 i 列は第 i 行に移る．したがって，定理 3.4 による行列式の行と列に関する対称性から，前節の行列式の列に関する性質は，行に関する性質と読み替えることができる．これをまとめて次の定理とする．

定理 3.5　n 次の行列式の行に関して，次のことが成り立つ．

(1′)　ある行を k 倍すると，行列式の値は k 倍になる．

(2′)　ある行が 2 つの行ベクトルの和 $\boldsymbol{a}_i' + \boldsymbol{b}_i'$ であるとき，行列式の値はその行だけをそれぞれ $\boldsymbol{a}_i'$ と $\boldsymbol{b}_i'$ で置き換えた行列式の値の和になる．

(3′)　2 つの行を入れ替えると，行列式の値は -1 倍になる．

(4′)　2 つの行が等しい行列式の値は 0 である．

(5′)　ある行の成分がすべて 0 のとき，行列式の値は 0 である．

(6′)　ある行に他の行の k 倍を加えても行列式の値は変わらない．

行列式の展開 行列式を第1列または第1行で展開することをすでに述べたが，任意の列または行でも行列式の展開ができることをここで述べよう．

n 次正方行列 $A=(a_{ij})=(\boldsymbol{a}_1 \ \cdots \ \boldsymbol{a}_n)$ の第 j 列 $\boldsymbol{a}_j$ を順に左隣の列 $\boldsymbol{a}_{j-1}, \boldsymbol{a}_{j-2}, \cdots, \boldsymbol{a}_1$ と $(j-1)$ 回の入れ替えをすることで，$A'=(\boldsymbol{a}_j \ \boldsymbol{a}_1 \ \cdots \ \boldsymbol{a}_{j-1} \ \boldsymbol{a}_{j+1} \ \cdots \ \boldsymbol{a}_n)$ が得られる．このとき定理 3.1 (3) より

$$|A'|=(-1)^{j-1}|A|$$

である．A' から第 i 行と第1列を取り除いた行列 A'_{i1} が A_{ij} であることに注意して，$|A'|$ を第1列で展開すると，

$$\begin{aligned}|A'| &= a_{1j}|A'_{11}|-\cdots+(-1)^{i+1}a_{ij}|A'_{i1}|+\cdots+(-1)^{n+1}a_{nj}|A'_{n1}|\\ &=(-1)^{1+1}a_{1j}|A_{1j}|+\cdots+(-1)^{i+1}a_{ij}|A_{ij}|+\cdots+(-1)^{n+1}a_{nj}|A_{nj}|.\end{aligned}$$

したがって，両辺に $(-1)^{j-1}$ をかけて

$$\begin{aligned}|A| &= (-1)^{1+j}a_{1j}|A_{1j}|+\cdots+(-1)^{i+j}a_{ij}|A_{ij}|+\cdots+(-1)^{n+j}a_{nj}|A_{nj}|\\ &=\sum_{i=1}^{n}(-1)^{i+j}a_{ij}|A_{ij}|\end{aligned}$$

を得る．この式を $|A|$ の**第 j 列での展開**という．

$|{}^tA|=|A|$ であるので，このことから任意の第 i 行に対して $|A|$ の**第 i 行での展開**も得られる．これらをまとめて次の定理とする．

> **定理 3.6** n 次正方行列 $A=(a_{ij})$ に対して，次が成り立つ．
>
> $$\begin{aligned}|A| &= (-1)^{1+j}a_{1j}|A_{1j}|+(-1)^{2+j}a_{2j}|A_{2j}|+\cdots+(-1)^{n+j}a_{nj}|A_{nj}|\\ &=\sum_{i=1}^{n}(-1)^{i+j}a_{ij}|A_{ij}| \qquad (\text{第 } j \text{ 列での展開})\end{aligned}$$
>
> $$\begin{aligned}|A| &= (-1)^{i+1}a_{i1}|A_{i1}|+(-1)^{i+2}a_{i2}|A_{i2}|+\cdots+(-1)^{i+n}a_{in}|A_{in}|\\ &=\sum_{j=1}^{n}(-1)^{i+j}a_{ij}|A_{ij}| \qquad (\text{第 } i \text{ 行での展開})\end{aligned}$$

例 3.8 行列式の性質を用いて，例 3.3 の行列式の値を少し効率的に計算してみよう．ⓘ+ⓙ×k は第 i 行に第 j 行の k 倍を加えることを表す．

$$\begin{vmatrix} 1 & 1 & 0 & 2 \\ 0 & 7 & 1 & 1 \\ 3 & 8 & 1 & 0 \\ 5 & 6 & 1 & 5 \end{vmatrix} \underset{\substack{③+①\times(-3)\\④+①\times(-5)}}{=} \begin{vmatrix} 1 & 1 & 0 & 2 \\ 0 & 7 & 1 & 1 \\ 0 & 5 & 1 & -6 \\ 0 & 1 & 1 & -5 \end{vmatrix} \underset{\text{第1列で展開}}{=} \begin{vmatrix} 7 & 1 & 1 \\ 5 & 1 & -6 \\ 1 & 1 & -5 \end{vmatrix}$$

$$\underset{\substack{②+①\times(-1)\\③+①\times(-1)}}{=} \begin{vmatrix} 7 & 1 & 1 \\ -2 & 0 & -7 \\ -6 & 0 & -6 \end{vmatrix} \underset{\text{第2列で展開}}{=} -\begin{vmatrix} -2 & -7 \\ -6 & -6 \end{vmatrix} = 30.$$

例題 3.2　n 次正方行列 $A=(a_j^{\,i-1})$ に対して，次の等式を示せ．

$$|A| = \begin{vmatrix} 1 & 1 & \cdots & 1 \\ a_1 & a_2 & \cdots & a_n \\ {a_1}^2 & {a_2}^2 & \cdots & {a_n}^2 \\ \vdots & \vdots & & \vdots \\ {a_1}^{n-1} & {a_2}^{n-1} & \cdots & {a_n}^{n-1} \end{vmatrix} = \prod_{1\leqq i<j\leqq n}(a_j-a_i).$$

この行列式を**ファンデルモンドの行列式**という．右辺は，$1\leqq i<j\leqq n$ をみたすすべての組 (i,j) に対して (a_j-a_i) の積をとることを意味する．

解　n に関する帰納法で示す．$n=2$ のとき，$\begin{vmatrix} 1 & 1 \\ a_1 & a_2 \end{vmatrix} = a_2-a_1$ より成り立っている．$n-1$ で成り立つと仮定する．ある $i\neq j$ に対して $a_i=a_j$ のときは，定理 3.2 (4) より $|A|=0$ となり，両辺 0 で等号が成立するので，$a_1,\cdots,a_n$ はすべて相異なるとしてよい．さて，x の多項式 $f_n(x)$ を

$$f_n(x) = \begin{vmatrix} 1 & \cdots & 1 & 1 \\ a_1 & \cdots & a_{n-1} & x \\ \vdots & & \vdots & \vdots \\ {a_1}^{n-1} & \cdots & {a_{n-1}}^{n-1} & x^{n-1} \end{vmatrix}$$

とおく．これを第 n 列で展開することにより，$f_n(x)$ は x の $n-1$ 次式であり，x^{n-1} の係数は $f_{n-1}(a_{n-1})$ であることがわかる．帰納法の仮定から $f_{n-1}(a_{n-1})$ は $\prod_{1\leqq i<j\leqq n-1}(a_j-a_i)$ に等しい．定理 3.2 (4) より $f_n(x)=0$ は

$a_1, \cdots, a_{n-1}$ を解にもつので

$$f_n(x) = (x-a_1)\cdots(x-a_{n-1})f_{n-1}(a_{n-1})$$

である．したがって

$$|A| = f_n(a_n) = (a_n-a_1)\cdots(a_n-a_{n-1})\prod_{1\leqq i<j\leqq n-1}(a_j-a_i)$$

$$= \prod_{1\leqq i<j\leqq n}(a_j-a_i).$$

問　題

3.7 指定された列または行で展開して，次の行列式を計算せよ．

（1）$\begin{vmatrix} 41 & 9 & 11 \\ 3 & 0 & 5 \\ 7 & 0 & 8 \end{vmatrix}$（第2列）　（2）$\begin{vmatrix} 3 & 8 & 4 \\ 4 & 11 & 5 \\ 0 & 7 & 5 \end{vmatrix}$（第3行）

3.8 次の行列式が0になることを行列式の性質を用いて示せ．

（1）$\begin{vmatrix} 1 & 5 & 9 & 13 \\ 2 & 6 & 10 & 14 \\ 3 & 7 & 11 & 15 \\ 4 & 8 & 12 & 16 \end{vmatrix}$　（2）$\begin{vmatrix} 0 & a & b & c & d \\ -a & 0 & a & b & c \\ -b & -a & 0 & a & b \\ -c & -b & -a & 0 & a \\ -d & -c & -b & -a & 0 \end{vmatrix}$

3.9 次の行列式を計算せよ．

（1）$\begin{vmatrix} 3 & 3 & 1 & 5 \\ 3 & 4 & 2 & 6 \\ 3 & 6 & -2 & 8 \\ 3 & 2 & 2 & 7 \end{vmatrix}$　（2）$\begin{vmatrix} 5 & -8 & 7 & 2 \\ 2 & -4 & 0 & -6 \\ 0 & 3 & 1 & 1 \\ 3 & -5 & 4 & 0 \end{vmatrix}$

（3）$\begin{vmatrix} a_{11} & a_{12} & \cdots & a_{1n} \\ & a_{22} & \cdots & a_{2n} \\ & & \ddots & \vdots \\ & O & & a_{nn} \end{vmatrix}$　（4）$\begin{vmatrix} 1 & 2 & 4 & 8 \\ 1 & x & x^2 & x^3 \\ 1 & -y & y^2 & -y^3 \\ 1 & z & z^2 & z^3 \end{vmatrix}$

3.10 次の等式が成り立つことを示せ．

（1）$\begin{vmatrix} x & -1 & 0 & \cdots & 0 & 0 \\ 0 & x & -1 & \cdots & 0 & 0 \\ & & \cdots\cdots\cdots & & & \\ 0 & 0 & 0 & \cdots & x & -1 \\ a_0 & a_1 & a_2 & \cdots & a_{n-1} & a_n \end{vmatrix} = a_0 + a_1x + a_2x^2 + \cdots + a_nx^n$

（2）$\begin{vmatrix} x+a & a & \cdots & a \\ a & x+a & \cdots & a \\ \vdots & \vdots & \ddots & \vdots \\ a & a & \cdots & x+a \end{vmatrix} = x^{n-1}(x+na)$　（n は行列式の次数）

（3）$\begin{vmatrix} 1 & 1 & 1 & \cdots & 1 \\ 1 & 2 & 3 & \cdots & n \\ 1 & 2^2 & 3^2 & \cdots & n^2 \\ \vdots & \vdots & \vdots & \ddots & \vdots \\ 1 & 2^{n-1} & 3^{n-1} & \cdots & n^{n-1} \end{vmatrix} = (n-1)(n-2)^2(n-3)^3\cdots 2^{n-2}1^{n-1}$

3.4　積の行列式と正則行列

積の行列式　右上または左下に 0 成分が集まっているような行列式は，次の定理に述べるように低い次数の行列式の計算に帰着できる．

定理 3.7　A を m 次正方行列，B を n 次正方行列，C を $n\times m$ 行列，D を $m\times n$ 行列とするとき，次が成り立つ．

$$\begin{vmatrix} A & O \\ C & B \end{vmatrix} = \begin{vmatrix} A & D \\ O & B \end{vmatrix} = |A|\,|B|.$$

証明　A の次数 m に関する帰納法で $\begin{vmatrix} A & O \\ C & B \end{vmatrix} = |A|\,|B|$ を示す．$m=1$ のときは，左辺を第 1 行で展開することにより成り立つことがわかる．次に $m \geqq 2$，$A=(a_{ij})$ とし，同じく左辺を第 1 行で展開する．C_j は行列 C から第 j 列を除いたもの，A_{1j} は A から第 1 行と第 j 列を除いたものとする．

$$\begin{aligned}\begin{vmatrix} A & O \\ C & B \end{vmatrix} &= a_{11}\begin{vmatrix} A_{11} & O \\ C_1 & B \end{vmatrix} - a_{12}\begin{vmatrix} A_{12} & O \\ C_2 & B \end{vmatrix} + \cdots + (-1)^{1+m}a_{1m}\begin{vmatrix} A_{1m} & O \\ C_m & B \end{vmatrix} \\ &= a_{11}|A_{11}|\,|B| - a_{12}|A_{12}|\,|B| + \cdots + (-1)^{1+m}a_{1m}|A_{1m}|\,|B| \\ &\qquad\qquad\text{（帰納法の仮定より）} \\ &= (a_{11}|A_{11}| - a_{12}|A_{12}| + \cdots + (-1)^{1+m}|A_{1m}|)|B| = |A|\,|B|.\end{aligned}$$

この結果と定理 3.4 を用いれば，もう一方についても

$$\begin{vmatrix} A & D \\ O & B \end{vmatrix} = \left| {}^t\!\begin{pmatrix} A & D \\ O & B \end{pmatrix} \right| = \begin{vmatrix} {}^tA & O \\ {}^tD & {}^tB \end{vmatrix} = |{}^tA|\,|{}^tB| = |A|\,|B|.$$

例 3.9 $\begin{vmatrix} 3 & 1 & 0 & 0 \\ -1 & 2 & 0 & 0 \\ 7 & 9 & 8 & -1 \\ 11 & 13 & -5 & 2 \end{vmatrix} = \begin{vmatrix} 3 & 1 \\ -1 & 2 \end{vmatrix} \begin{vmatrix} 8 & -1 \\ -5 & 2 \end{vmatrix} = 7 \cdot 11 = 77.$ ▮

定理 3.8 n 次正方行列 A, B に対して次が成り立つ．

$$|AB| = |A|\,|B|.$$

証明* $A = (\boldsymbol{a}_1 \ \cdots \ \boldsymbol{a}_n)$，$B = (b_{ij}) = (\boldsymbol{b}_1 \ \cdots \ \boldsymbol{b}_n)$ とする．n 次単位行列 $E = (\boldsymbol{e}_1 \ \cdots \ \boldsymbol{e}_n)$ と零行列 $O = (\boldsymbol{o} \ \cdots \ \boldsymbol{o})$ を用いて，定理 3.7 より

$$\begin{vmatrix} \boldsymbol{a}_1 & \cdots & \boldsymbol{a}_n & \boldsymbol{o} & \cdots & \boldsymbol{o} \\ -\boldsymbol{e}_1 & \cdots & -\boldsymbol{e}_n & \boldsymbol{b}_1 & \cdots & \boldsymbol{b}_n \end{vmatrix} = \begin{vmatrix} A & O \\ -E & B \end{vmatrix} = |A|\,|B|.$$

左辺の行列式において，第 1 列の b_{1j} 倍，第 2 列の b_{2j} 倍，…，第 n 列の b_{nj} 倍の和，すなわち

$$b_{1j}\begin{pmatrix} \boldsymbol{a}_1 \\ -\boldsymbol{e}_1 \end{pmatrix} + b_{2j}\begin{pmatrix} \boldsymbol{a}_2 \\ -\boldsymbol{e}_2 \end{pmatrix} + \cdots + b_{nj}\begin{pmatrix} \boldsymbol{a}_n \\ -\boldsymbol{e}_n \end{pmatrix} = \begin{pmatrix} A\boldsymbol{b}_j \\ -\boldsymbol{b}_j \end{pmatrix} = \begin{pmatrix} AB \\ -B \end{pmatrix} \text{の第 } j \text{ 列}$$

を第 $n+j$ 列に加えても行列式の値は変わらないので，この操作を $j = 1, 2, \cdots, n$ について行うと

$$\begin{vmatrix} A & O \\ -E & B \end{vmatrix} = \begin{vmatrix} A & AB \\ -E & O \end{vmatrix} \underset{㋑}{=} (-1)^n \begin{vmatrix} -E & O \\ A & AB \end{vmatrix} \underset{㋺}{=} (-1)^n\,|-E|\,|AB|$$

$$= (-1)^{2n}\,|AB| = |AB|.$$

ここで㋑では $i = 1, 2, \cdots, n$ について，第 $n+i$ 行を第 i 行と入れ替えた．㋺では定理 3.7 を用いた． ▮

例 3.10 $A = \begin{pmatrix} 0 & a & b \\ 1 & 0 & c \\ 1 & 1 & 0 \end{pmatrix}$ のとき，$A^2 = \begin{pmatrix} a+b & b & ac \\ c & a+c & b \\ 1 & a & b+c \end{pmatrix}$ より

$$\begin{vmatrix} a+b & b & ac \\ c & a+c & b \\ 1 & a & b+c \end{vmatrix} = |A^2| = |A|^2 = (ac+b)^2.$$ ▮

▮ **余因子行列** ▮ n 次正方行列 $A = (a_{ij})$ に対して，

$$\widetilde{a_{ij}} = (-1)^{i+j}\,|A_{ij}|$$

を a_{ij} の**余因子**といい，

$$\widetilde{A} = \begin{pmatrix} \widetilde{a_{11}} & \widetilde{a_{21}} & \cdots & \widetilde{a_{n1}} \\ \widetilde{a_{12}} & \widetilde{a_{22}} & \cdots & \widetilde{a_{n2}} \\ \vdots & \vdots & & \vdots \\ \widetilde{a_{1n}} & \widetilde{a_{2n}} & \cdots & \widetilde{a_{nn}} \end{pmatrix}$$

を A の**余因子行列**という（(i,j) 成分が $\widetilde{a_{ji}}$ であることに注意）．

> **定理 3.9**　n 次正方行列 A と余因子行列 $\widetilde{A}$ について，次が成り立つ．
> $$A\widetilde{A} = \widetilde{A}A = |A|\,E.$$

証明　$|A| = |(a_{ij})|$ を第 i 列で展開すると，

$$\begin{aligned} |A| &= (-1)^{1+i}a_{1i}\,|A_{1i}| + \cdots + (-1)^{n+i}a_{ni}\,|A_{ni}| \\ &= \widetilde{a_{1i}}a_{1i} + \cdots + \widetilde{a_{ni}}a_{ni} = \widetilde{A}A \text{ の } (i,i) \text{ 成分}. \end{aligned}$$

次に $i \neq j$ とする．$|A|$ の第 i 列だけを第 j 列 $\boldsymbol{a}_j$ で置き換えた値が 0 の行列式 $|\boldsymbol{a}_1 \cdots \underset{}{\overset{i\text{列}}{\boldsymbol{a}_j}} \cdots \overset{j\text{列}}{\boldsymbol{a}_j} \cdots \boldsymbol{a}_n|$ を第 i 列で展開すると，

$$\begin{aligned} 0 &= (-1)^{1+i}a_{1j}\,|A_{1i}| + \cdots + (-1)^{n+i}a_{nj}\,|A_{ni}| \\ &= \widetilde{a_{1i}}a_{1j} + \cdots + \widetilde{a_{ni}}a_{nj} = \widetilde{A}A \text{ の } (i,j) \text{ 成分}. \end{aligned}$$

したがって，$\widetilde{A}A = |A|\,E$ である．$A\widetilde{A} = |A|\,E$ については，行に関して同様のことを行えばよい． ▮

▮ 逆行列の公式 ▮

> **定理 3.10**　正方行列 A が正則であるための必要十分条件は，$|A| \neq 0$ となることである．このとき，A の逆行列 A^{-1} は
> $$A^{-1} = \frac{1}{|A|}\widetilde{A} \qquad (3.8)$$
> で与えられる．

証明　A が正則ならば，ある正方行列 B により，$AB = E$ となる．両辺の行列式をとると，

$$|A|\,|B| = |AB| = |E| = 1$$

より $|A| \neq 0$ がわかる．逆に $|A| \neq 0$ のとき，$B = \dfrac{1}{|A|}\widetilde{A}$ とおく．定理 3.9 より $BA = AB = E$ であるので，A は正則であり，B が A の逆行列になる． ▮

注意 3.2 この公式は，行列にパラメータが含まれている場合や理論的展開をするときには有効であるが，一般に行列の次数が高いときには，その計算はかなり大変なものになる．逆行列の実用的な計算法については，次章で述べる．

例 3.11 $A=\begin{pmatrix} a & b \\ c & d \end{pmatrix}$ の余因子行列は $\widetilde{A}=\begin{pmatrix} d & -b \\ -c & a \end{pmatrix}$ である．

A が正則であるための必要十分条件は，$|A|=ad-bc \neq 0$ であり，このとき

$$A^{-1}=\frac{1}{ad-bc}\begin{pmatrix} d & -b \\ -c & a \end{pmatrix}.$$ ■

例題 3.3 $A=\begin{pmatrix} 1 & 0 & 1 \\ 3 & 2 & 2 \\ 2 & 1 & 3 \end{pmatrix}$ の逆行列 A^{-1} を求めよ．

解 $|A|=\begin{vmatrix} 1 & 0 & 1 \\ 3 & 2 & 2 \\ 2 & 1 & 3 \end{vmatrix}=3 \neq 0$ より，A は逆行列をもつ．

$$\widetilde{a_{11}}=(-1)^{1+1}\begin{vmatrix} 2 & 2 \\ 1 & 3 \end{vmatrix}=4, \qquad \widetilde{a_{21}}=(-1)^{2+1}\begin{vmatrix} 0 & 1 \\ 1 & 3 \end{vmatrix}=1,$$

$$\widetilde{a_{31}}=(-1)^{3+1}\begin{vmatrix} 0 & 1 \\ 2 & 2 \end{vmatrix}=-2,$$

$$\widetilde{a_{12}}=(-1)^{1+2}\begin{vmatrix} 3 & 2 \\ 2 & 3 \end{vmatrix}=-5, \quad \widetilde{a_{22}}=(-1)^{2+2}\begin{vmatrix} 1 & 1 \\ 2 & 3 \end{vmatrix}=1,$$

$$\widetilde{a_{32}}=(-1)^{3+2}\begin{vmatrix} 1 & 1 \\ 3 & 2 \end{vmatrix}=1,$$

$$\widetilde{a_{13}}=(-1)^{1+3}\begin{vmatrix} 3 & 2 \\ 2 & 1 \end{vmatrix}=-1, \quad \widetilde{a_{23}}=(-1)^{2+3}\begin{vmatrix} 1 & 0 \\ 2 & 1 \end{vmatrix}=-1,$$

$$\widetilde{a_{33}}=(-1)^{3+3}\begin{vmatrix} 1 & 0 \\ 3 & 2 \end{vmatrix}=2.$$

したがって，

$$A^{-1} = \frac{1}{3}\begin{pmatrix} 4 & 1 & -2 \\ -5 & 1 & 1 \\ -1 & -1 & 2 \end{pmatrix}. \quad ▮$$

系 3.11　n 次正方行列 A, B について

$$BA = E \iff AB = E$$

である．とくに，$BA = E$ または $AB = E$ のいずれか一方をみたせば $B = A^{-1}$ である．

証明　$BA = E$ とする．両辺の行列式をとると，

$$|B||A| = |BA| = |E| = 1$$

より $|A| \neq 0$ であり，A^{-1} が存在する．

$$B = BE = B(AA^{-1}) = (BA)A^{-1} = EA^{-1} = A^{-1}$$

であるから，$AB = E$ でもある．逆も同様に示せる．▮

問　題

3.11　次の行列式を定理 3.7 を利用して（必要なら変形して）求めよ．

（1）$\begin{vmatrix} 2 & 1 & 0 & 0 \\ 1 & 3 & 0 & 0 \\ 8 & 7 & 6 & 5 \\ 6 & 5 & 8 & 7 \end{vmatrix}$　（2）$\begin{vmatrix} a & 0 & 0 & b \\ c & 0 & 0 & d \\ 0 & e & f & 0 \\ 0 & g & h & 0 \end{vmatrix}$

（3）$\begin{vmatrix} 0 & 0 & 0 & 3 & 4 \\ 0 & 0 & 0 & 1 & 2 \\ 3 & 2 & 1 & 4 & 5 \\ 2 & 1 & 0 & 7 & 8 \\ 1 & 3 & 1 & 9 & 7 \end{vmatrix}$

3.12　（1）$\begin{vmatrix} a & -b \\ b & a \end{vmatrix} = a^2+b^2$ を利用して $(a^2+b^2)(x^2+y^2)$ も平方の和の形に表せ．

（2）$\begin{vmatrix} a & b & c \\ c & a & b \\ b & c & a \end{vmatrix} = a^3+b^3+c^3-3abc$ を利用して

$(a^3+b^3+c^3-3abc)(x^3+y^3+z^3-3xyz)$ も $u^3+v^3+w^3-3uvw$ の形に表せ．

3.13　A, B を n 次正方行列とするとき次を示せ（問題 3.6 を利用せよ）.

（1）$\begin{vmatrix} A & -A \\ B & B \end{vmatrix} = 2^n |A|\,|B|$

（2）$\begin{vmatrix} A & B \\ B & A \end{vmatrix} = |A+B|\,|A-B|$

3.14　前問を利用して次の行列式を因数分解せよ.

（1）$\begin{vmatrix} a & -b & -a & b \\ b & a & -b & -a \\ c & -d & c & -d \\ d & c & d & c \end{vmatrix}$　（2）$\begin{vmatrix} a & b & c & d \\ b & a & d & c \\ c & d & a & b \\ d & c & b & a \end{vmatrix}$

3.15　次の行列が正則ならば，逆行列を求めよ.

（1）$\begin{pmatrix} 1 & 3 & -2 \\ 3 & 10 & -8 \\ 5 & 13 & -6 \end{pmatrix}$　（2）$\begin{pmatrix} 2 & -4 & 5 \\ 1 & -1 & 3 \\ -2 & 3 & -4 \end{pmatrix}$　（3）$\begin{pmatrix} a & 1 & 1 \\ 0 & b & 1 \\ 0 & 0 & c \end{pmatrix}$

3.16　$X\begin{pmatrix} 3 & 2 & 1 \\ 1 & 3 & 2 \\ 2 & 1 & 3 \end{pmatrix} = \begin{pmatrix} 3 & 0 & 7 \\ 2 & 1 & 1 \end{pmatrix}$ をみたす行列 X を求めよ.

3.17　n 次正方行列の余因子行列について次を示せ（$n \geqq 2$）.

（1）「A：正則 $\Longleftrightarrow$ $\tilde{A}$：正則」であり，このとき $\tilde{A}^{-1} = \widetilde{A^{-1}} = |A|^{-1}A$

（2）$|\tilde{A}| = |A|^{n-1}$

3.5　連立 1 次方程式（クラメルの公式）

未知数と方程式の個数が等しい連立 1 次方程式

$$\begin{cases} a_{11}x_1 + a_{12}x_2 + \cdots + a_{1n}x_n = b_1 \\ a_{21}x_1 + a_{22}x_2 + \cdots + a_{2n}x_n = b_2 \\ \qquad\qquad\qquad \vdots \\ a_{n1}x_1 + a_{n2}x_2 + \cdots + a_{nn}x_n = b_n \end{cases} \tag{3.9}$$

について考える．$A = (a_{ij})$ を連立 1 次方程式（3.9）の**係数行列**という．A の列ベクトル表示を（$\boldsymbol{a}_1 \quad \boldsymbol{a}_2 \quad \cdots \quad \boldsymbol{a}_n$）とし，$\boldsymbol{x} = \begin{pmatrix} x_1 \\ \vdots \\ x_n \end{pmatrix}$，$\boldsymbol{b} = \begin{pmatrix} b_1 \\ \vdots \\ b_n \end{pmatrix}$ とすると，方程式（3.9）は

$$A\boldsymbol{x} = \boldsymbol{b} \quad \text{あるいは} \quad x_1\boldsymbol{a}_1 + x_2\boldsymbol{a}_2 + \cdots + x_n\boldsymbol{a}_n = \boldsymbol{b} \tag{3.10}$$

と表せる．A が正則であるときには，(3.10) の左式の両辺に左から A^{-1} をかけることにより，(3.10) はただ 1 つの解 $\boldsymbol{x} = A^{-1}\boldsymbol{b}$ をもつことがわかる．

定理 3.12（クラメルの公式） 連立 1 次方程式 (3.9) において，係数行列 A が正則ならば，解は次の式で与えられる．

$$x_i = \frac{\left|\boldsymbol{a}_1 \ \cdots \ \boldsymbol{a}_{i-1} \ \overset{i\text{列}}{\boldsymbol{b}} \ \boldsymbol{a}_{i+1} \ \cdots \ \boldsymbol{a}_n\right|}{|A|} \quad (i = 1, 2, \cdots, n). \qquad (3.11)$$

証明 行列式 $|A|$ の第 i 列を $\boldsymbol{b} = x_1\boldsymbol{a}_1 + \cdots + x_n\boldsymbol{a}_n$ で置き換えると，行列式の基本的性質により

$$\begin{aligned}
\left|\boldsymbol{a}_1 \ \cdots \ \boldsymbol{a}_{i-1} \ \boldsymbol{b} \ \boldsymbol{a}_{i+1} \ \cdots \ \boldsymbol{a}_n\right| &= \left|\boldsymbol{a}_1 \ \cdots \ \boldsymbol{a}_{i-1} \ \sum_{k=1}^{n} x_k\boldsymbol{a}_k \ \boldsymbol{a}_{i+1} \ \cdots \ \boldsymbol{a}_n\right| \\
&= \sum_{k=1}^{n} x_k \left|\boldsymbol{a}_1 \ \cdots \ \boldsymbol{a}_{i-1} \ \boldsymbol{a}_k \ \boldsymbol{a}_{i+1} \ \cdots \ \boldsymbol{a}_n\right| \\
&= x_i \left|\boldsymbol{a}_1 \ \cdots \ \boldsymbol{a}_{i-1} \ \boldsymbol{a}_i \ \boldsymbol{a}_{i+1} \ \cdots \ \boldsymbol{a}_n\right| = x_i\,|A|.
\end{aligned}$$

したがって，$|A| \neq 0$ のとき，(3.11) の式を得る． ■

注意 3.3 クラメルの公式は，方程式の個数の多いときには実用的とはいえないが，方程式の個数が少ないときやパラメータを含むときには有効である．

例 3.12 連立 1 次方程式 $\begin{cases} 3x - 2y = a \\ 2x - 3y = b \end{cases}$ （a, b は定数） の係数行列 A は $|A| = -5$ より正則で，クラメルの公式を用いると，

$$x = \frac{1}{|A|}\begin{vmatrix} a & -2 \\ b & -3 \end{vmatrix} = \frac{3a-2b}{5}, \quad y = \frac{1}{|A|}\begin{vmatrix} 3 & a \\ 2 & b \end{vmatrix} = \frac{2a-3b}{5}.$$ ■

例題 3.4 a, b, c を相異なる実数とする．次の連立 1 次方程式をクラメルの公式を用いて解け．

$$\begin{cases} x + y + z = 1 \\ ax + by + cz = 0 \\ a^2x + b^2y + c^2z = 0 \end{cases}$$

解 係数行列を A とすると，$|A|$ は例題 3.2 でみたファンデルモンドの 3 次の行列式であり，

$$|A| = \begin{vmatrix} 1 & 1 & 1 \\ a & b & c \\ a^2 & b^2 & c^2 \end{vmatrix} = (a-b)(b-c)(c-a) \neq 0$$

なのでクラメルの公式が使える．

$$x = \frac{1}{|A|}\begin{vmatrix} 1 & 1 & 1 \\ 0 & b & c \\ 0 & b^2 & c^2 \end{vmatrix} = \frac{bc^2 - cb^2}{(a-b)(b-c)(c-a)} = \frac{-bc}{(a-b)(c-a)},$$

$$y = \frac{1}{|A|}\begin{vmatrix} 1 & 1 & 1 \\ a & 0 & c \\ a^2 & 0 & c^2 \end{vmatrix} = \frac{ca^2 - ac^2}{(a-b)(b-c)(c-a)} = \frac{-ca}{(a-b)(b-c)},$$

$$z = \frac{1}{|A|}\begin{vmatrix} 1 & 1 & 1 \\ a & b & 0 \\ a^2 & b^2 & 0 \end{vmatrix} = \frac{ab^2 - ba^2}{(a-b)(b-c)(c-a)} = \frac{-ab}{(b-c)(c-a)}.$$ ■

問　題

3.18　クラメルの公式を用いて，次の連立１次方程式を解け．

（１）$\begin{cases} x+2y+2z=1 \\ 2x+6y+9z=0 \\ 3x+7y+9z=1 \end{cases}$　　（２）$\begin{cases} -x+y+az=0 \\ x+ay-z=0 \\ ax-y+z=1 \end{cases}$　$(a \neq 0)$

3.19　クラメルの公式を用いて，次の連立１次方程式の解を z についてのみ求めよ．

$$\begin{cases} x+2y+3z+5w=1 \\ 2x+y+5z+3w=2 \\ 3x+5y+z+2w=2 \\ 5x+3y+2z+w=1 \end{cases}$$

3.20　次の連立１次方程式を，１つの未知数を任意の値に固定することにより，クラメルの公式を用いて解け．

$$\begin{cases} x+y+w=2 \\ -y+3z-2w=1 \\ 3x-z-w=-1 \end{cases}$$

3.21　n 次正則行列 A の逆行列 $A^{-1}=(x_{ij})=(\boldsymbol{x}_1\ \cdots\ \boldsymbol{x}_n)$ とおくと，$A\boldsymbol{x}_j=\boldsymbol{e}_j$ $(1 \leqq j \leqq n)$ である．これをクラメルの公式を用いて解くことにより，定理 3.10 の別証明を与えよ．

4

行列の基本変形と連立1次方程式

4.1 基本変形

行列のもつある性質を保ちながら簡単な形に変形することをここで学ぶ．これは，連立1次方程式の解法をはじめ，線形代数における具体的な計算に不可欠な手段である．

与えられた行列に対して，次のような行に関する操作を**行基本変形**という．

[1] 第 i 行と第 j 行を入れ替える $(i \neq j)$．　[ⓘ $\longleftrightarrow$ ⓙ と略記する]

[2] 第 i 行を k $(\neq 0)$ 倍する．　[ⓘ$\times k$]

[3] 第 i 行に第 j 行の k 倍を加える．　[ⓘ$+$ⓙ$\times k$]

列に関する同様の操作を**列基本変形**という．すなわち

[1′] 第 i 列と第 j 列を入れ替える $(i \neq j)$．　[$\boxed{i} \longleftrightarrow \boxed{j}$]

[2′] 第 i 列を k $(\neq 0)$ 倍する．　[$\boxed{i}\times k$]

[3′] 第 i 列の k 倍を 第 j 列に加える．　[$\boxed{j}+\boxed{i}\times k$]

これら行基本変形と列基本変形をあわせて**基本変形**という．

基本行列　n 次単位行列 E_n に行基本変形 [1], [2], [3] を行うと，次の行列 $F_n(i, j)$, $G_n(i\,;\,k)$, $H_n(i, j\,;\,k)$ を得る．これらを**基本行列**という．

$$F_n(i,j) = \begin{matrix} \\ \\ i> \\ \\ j> \\ \\ \\ \end{matrix} \begin{pmatrix} 1 & & & \overset{i}{\vee} & & \overset{j}{\vee} & & \\ & \ddots & & & & & & \\ & & & 0 & \cdots & 1 & & \\ & & & \vdots & \ddots & \vdots & & \\ & & & 1 & \cdots & 0 & & \\ & & & & & & \ddots & \\ & & & & & & & 1 \end{pmatrix} = \begin{matrix} \\ i> \\ \\ j> \\ \\ \end{matrix} \begin{pmatrix} \boldsymbol{e}_1' \\ \vdots \\ \boldsymbol{e}_j' \\ \vdots \\ \boldsymbol{e}_i' \\ \vdots \\ \boldsymbol{e}_n' \end{pmatrix}$$

$$G_n(i\,;\,k) = \begin{matrix} \\ \\ i> \\ \\ \end{matrix} \begin{pmatrix} 1 & & \overset{i}{\vee} & & \\ & \ddots & & & \\ & & k & & \\ & & & \ddots & \\ & & & & 1 \end{pmatrix} = \begin{matrix} \\ i> \\ \\ \end{matrix} \begin{pmatrix} \boldsymbol{e}_1' \\ \vdots \\ k\boldsymbol{e}_i' \\ \vdots \\ \boldsymbol{e}_n' \end{pmatrix}$$

$$H_n(i,j\,;\,k) = \begin{matrix} \\ \\ i> \\ \\ j> \\ \\ \end{matrix} \begin{pmatrix} 1 & & \overset{i}{\vee} & & \overset{j}{\vee} & & \\ & \ddots & & & & & \\ & & 1 & \cdots & k & & \\ & & & \ddots & \vdots & & \\ & & & & 1 & & \\ & & & & & \ddots & \\ & & & & & & 1 \end{pmatrix} = \begin{matrix} \\ i> \\ \\ j> \\ \\ \end{matrix} \begin{pmatrix} \boldsymbol{e}_1' \\ \vdots \\ \boldsymbol{e}_i' + k\boldsymbol{e}_j' \\ \vdots \\ \boldsymbol{e}_j' \\ \vdots \\ \boldsymbol{e}_n' \end{pmatrix}$$

ここで，$\boldsymbol{e}_1', \cdots, \boldsymbol{e}_n'$ は基本行ベクトルである．また，基本列ベクトル $\boldsymbol{e}_1, \cdots, \boldsymbol{e}_n$ を用いると

$$F_n(i,j) = (\boldsymbol{e}_1 \ \cdots \ \overset{i}{\underset{\vee}{\boldsymbol{e}_j}} \ \cdots \ \overset{j}{\underset{\vee}{\boldsymbol{e}_i}} \ \cdots \ \boldsymbol{e}_n), \quad G_n(i\,;\,k) = (\boldsymbol{e}_1 \ \cdots \ \overset{i}{\underset{\vee}{k\boldsymbol{e}_i}} \ \cdots \ \boldsymbol{e}_n),$$

$$H_n(i,j\,;\,k) = (\boldsymbol{e}_1 \ \cdots \ \overset{i}{\underset{\vee}{\boldsymbol{e}_i}} \ \cdots \ \overset{j}{\underset{\vee}{\boldsymbol{e}_j + k\boldsymbol{e}_i}} \ \cdots \ \boldsymbol{e}_n)$$

と表される．

定理 4.1　A を $m\times n$ 行列とする．

（1）　A から行基本変形 [1], [2], [3] により得られる行列は，それぞれ $F_m(i,j)A$, $G_m(i\,;k)A$, $H_m(i,j\,;k)A$ である．

（2）　A から列基本変形 [1′], [2′], [3′] により得られる行列は，それぞれ $AF_n(i,j)$, $AG_n(i\,;k)$, $AH_n(i,j\,;k)$ である．

証明　A の行ベクトルを $\boldsymbol{a}_1', \cdots, \boldsymbol{a}_m'$，列ベクトルを $\boldsymbol{a}_1, \cdots, \boldsymbol{a}_n$ とする．[3], [3′] について，行列の積のベクトル表示(2.15),(2.14)を用いて示そう．他の基本変形についても同様に示せる．基本行ベクトル $\boldsymbol{e}_i'$，基本列ベクトル $\boldsymbol{e}_j$ に対し $\boldsymbol{e}_i'A = \boldsymbol{a}_i'$，$A\boldsymbol{e}_j = \boldsymbol{a}_j$ より

$$H_m(i,j\,;k)A = i>\begin{pmatrix} \boldsymbol{e}_1' \\ \vdots \\ \boldsymbol{e}_i'+k\boldsymbol{e}_j' \\ \vdots \\ \boldsymbol{e}_m' \end{pmatrix}A = i>\begin{pmatrix} \boldsymbol{e}_1'A \\ \vdots \\ \boldsymbol{e}_i'A+k\boldsymbol{e}_j'A \\ \vdots \\ \boldsymbol{e}_m'A \end{pmatrix} = i>\begin{pmatrix} \boldsymbol{a}_1' \\ \vdots \\ \boldsymbol{a}_i'+k\boldsymbol{a}_j' \\ \vdots \\ \boldsymbol{a}_m' \end{pmatrix},$$

$$\begin{aligned} AH_n(i,j\,;k) &= A(\boldsymbol{e}_1 \quad \cdots \quad \overset{\overset{j}{\vee}}{\boldsymbol{e}_j+k\boldsymbol{e}_i} \quad \cdots \quad \boldsymbol{e}_n) \\ &= (A\boldsymbol{e}_1 \quad \cdots \quad \overset{\overset{j}{\vee}}{A\boldsymbol{e}_j+kA\boldsymbol{e}_i} \quad \cdots \quad A\boldsymbol{e}_n) \\ &= (\boldsymbol{a}_1 \quad \cdots \quad \overset{\overset{j}{\vee}}{\boldsymbol{a}_j+k\boldsymbol{a}_i} \quad \cdots \quad \boldsymbol{a}_n). \end{aligned}$$

∎

例 4.1　$A = \begin{pmatrix} 1 & 2 & 3 \\ 4 & 5 & 6 \end{pmatrix}$ に対して

$$F_2(1,2)A = \begin{pmatrix} 0 & 1 \\ 1 & 0 \end{pmatrix}\begin{pmatrix} 1 & 2 & 3 \\ 4 & 5 & 6 \end{pmatrix} = \begin{pmatrix} 4 & 5 & 6 \\ 1 & 2 & 3 \end{pmatrix},$$

$$G_2(2\,;k)A = \begin{pmatrix} 1 & 0 \\ 0 & k \end{pmatrix}\begin{pmatrix} 1 & 2 & 3 \\ 4 & 5 & 6 \end{pmatrix} = \begin{pmatrix} 1 & 2 & 3 \\ 4k & 5k & 6k \end{pmatrix},$$

$$H_2(1,2\,;k)A = \begin{pmatrix} 1 & k \\ 0 & 1 \end{pmatrix}\begin{pmatrix} 1 & 2 & 3 \\ 4 & 5 & 6 \end{pmatrix} = \begin{pmatrix} 1+4k & 2+5k & 3+6k \\ 4 & 5 & 6 \end{pmatrix},$$

$$AF_3(1,3)=\begin{pmatrix}1&2&3\\4&5&6\end{pmatrix}\begin{pmatrix}0&0&1\\0&1&0\\1&0&0\end{pmatrix}=\begin{pmatrix}3&2&1\\6&5&4\end{pmatrix},$$

$$AG_3(2\,;k)=\begin{pmatrix}1&2&3\\4&5&6\end{pmatrix}\begin{pmatrix}1&0&0\\0&k&0\\0&0&1\end{pmatrix}=\begin{pmatrix}1&2k&3\\4&5k&6\end{pmatrix},$$

$$AH_3(2,3\,;k)=\begin{pmatrix}1&2&3\\4&5&6\end{pmatrix}\begin{pmatrix}1&0&0\\0&1&k\\0&0&1\end{pmatrix}=\begin{pmatrix}1&2&2k+3\\4&5&5k+6\end{pmatrix}.$$ ▒

基本行列を単位行列へ戻す基本変形を考えることにより次を得る．

> **定理 4.2** （1） $F_n(i,j)F_n(i,j)=E_n$,
> （2） $G_n(i\,;k)G_n(i\,;k^{-1})=G_n(i\,;k^{-1})G_n(i\,;k)=E_n$,
> （3） $H_n(i,j\,;k)H_n(i,j\,;-k)=H_n(i,j\,;-k)H_n(i,j\,;k)=E_n$.
> とくに基本行列は正則であり，その逆行列も基本行列である．

基本行列の積も正則となるので，定理 4.1 から次が得られる．

> **定理 4.3** $m\times n$ 行列 A が有限回の行（列）基本変形により B となるとき，
> $$B=PA \quad (B=AQ)$$
> となる m 次正則行列 P（n 次正則行列 Q）が存在する．

▒ はき出し ▒ $m\times n$ 行列 $A=(a_{ij})$ の (p,q) 成分が 0 でないとする．$i=1,\cdots,p-1,p+1,\cdots,m$ について，行基本変形 ⓘ+ⓟ$\times\left(-\dfrac{a_{iq}}{a_{pq}}\right)$ を行うことにより第 q 列ベクトルは $a_{pq}\boldsymbol{e}_p$ となる．この操作を (p,q) 成分による第 q 列の**はき出し**という．また同様の操作，(p,q) 成分による第 p 行のはき出しにより，第 p 行ベクトルを $a_{pq}\boldsymbol{e}_q{}'$ とできる．

例 4.2 $\begin{pmatrix} 1 & -3 & 1 \\ 2 & 1 & 1 \\ -3 & 2 & 0 \end{pmatrix}$ の第1列および第1行を (1, 1) 成分ではき出すと，

$$\begin{pmatrix} 1 & -3 & 1 \\ 2 & 1 & 1 \\ -3 & 2 & 0 \end{pmatrix} \xrightarrow[\substack{③+①\times 3}]{} {\scriptstyle ②+①\times(-2)} \begin{pmatrix} 1 & -3 & 1 \\ 0 & 7 & -1 \\ 0 & -7 & 3 \end{pmatrix} \xrightarrow[\substack{\boxed{2}+\boxed{1}\times 3 \\ \boxed{3}+\boxed{1}\times(-1)}]{} \begin{pmatrix} 1 & 0 & 0 \\ 0 & 7 & -1 \\ 0 & -7 & 3 \end{pmatrix}. \quad ▨$$

▨ 階段行列 ▨　　$m\times n$ 行列 $A = (\boldsymbol{a}_1 \ \cdots \ \boldsymbol{a}_n) = \begin{pmatrix} \boldsymbol{a}_1{}' \\ \vdots \\ \boldsymbol{a}_m{}' \end{pmatrix}$ が r 階の**階段行列**とは，

$$1 \leqq k_1 < k_2 < \cdots < k_r \leqq n$$

である自然数の組 $\{k_1, k_2, \cdots, k_r\}$ があり，次の (1), (2) をみたすような行列をいう．

（1）$\boldsymbol{a}_i{}' = \begin{cases} (0 \ \cdots \ 0 \ \overset{\substack{k_i \\ \vee}}{1} \ * \ \cdots \ *) & (1 \leqq i \leqq r) \\ \boldsymbol{o} & (i > r) \end{cases}$

（2）$\boldsymbol{a}_{k_i} = \boldsymbol{e}_i \quad (1 \leqq i \leqq r)$,

ここで，$\boldsymbol{e}_i$ は m 次の基本列ベクトルである．

$$\left(\begin{array}{ccccccccccccccc} 0 & \cdots & 0 & \overset{\substack{k_1 \\ \vee}}{1} & * & \cdots & * & \overset{\substack{k_2 \\ \vee}}{0} & * & \cdots & \cdots & * & \overset{\substack{k_r \\ \vee}}{0} & * \cdots & * \\ & & & 0 & 0 & \cdots & 0 & 1 & * & \cdots & \cdots & * & 0 & * \cdots & * \\ & & & & & & & 0 & 0 & & & \vdots & \vdots & \vdots & \\ & & & & & & & & & & & * & 0 & * \cdots & * \\ & & & & & & & & & & & 0 & 1 & * \cdots & * \\ & & & & O & & & & & & & & 0 & 0 \cdots & 0 \end{array}\right) < r$$

例 4.3 $E_3 = \begin{pmatrix} 1 & 0 & 0 \\ 0 & 1 & 0 \\ 0 & 0 & 1 \end{pmatrix}$ は3階の階段行列，$\begin{pmatrix} 0 & 1 & -2 & 0 \\ 0 & 0 & 0 & 1 \\ 0 & 0 & 0 & 0 \end{pmatrix}$ は2階の階段

行列である. ■

> **定理 4.4** 任意の $m\times n$ 行列 A は行基本変形を有限回行って，階段行列にすることができる．すなわち，ある m 次正則行列 P により PA は階段行列になる．

証明* $m\times n$ 行列 A を階段行列にする手順を示そう．最初は，$i=1$ で $B=A$ として，以下次の操作（i-1）〜（i-4）を $i=1,2,\cdots$ に対して続ける．

（i-1） B の左から最初の $\boldsymbol{o}$ でない列を第 k_i 列とする．

（i-2） B の行基本変形により $(1,k_i)$ 成分を 1 にする（これは A の (i,k_i) 成分）．

（i-3） A において第 k_i 列を A の (i,k_i) 成分ではき出し，$\boldsymbol{e}_i$ にする．

（i-4） 得られた行列を改めて A とおき，その第 1 行から第 i 行を除いた行列を B とおく．（この段階で A の第 1 列から第 k_i 列までは，作り方から階段行列になっている．もし $B=O$ となるか，$i=m$ であれば A 全体は階段行列になっている．） ■

注意 4.1 階段行列は，有限回の行基本変形により，他の階段行列にはならないので，A から得られた階段行列は行基本変形の仕方によらずに定まることがわかる．この階段行列を A の**階段標準形**と呼ぼう．

A が行基本変形により r 階の階段行列になるとき，r は A により定まるので r を行列 A の**階数**といい，$\mathrm{rank}\,A$ で表す．A が $m\times n$ 行列のときには明らかに

$$\mathrm{rank}\,A \leqq m \quad \text{かつ} \quad \mathrm{rank}\,A \leqq n$$

である．

例題 4.1 $A=\begin{pmatrix} 1 & -1 & 2 & 3 \\ 2 & 5 & -3 & -8 \\ -1 & 2 & -3 & -4 \end{pmatrix}$ を行基本変形により階段行列に変形し，$\mathrm{rank}\,A$ を求めよ．

解 $$\begin{pmatrix} 1 & -1 & 2 & 3 \\ 2 & 5 & -3 & -8 \\ -1 & 2 & -3 & -4 \end{pmatrix} \xrightarrow[\text{③}+\text{①}\times 1]{\text{②}+\text{①}\times(-2)} \begin{pmatrix} 1 & -1 & 2 & 3 \\ 0 & 7 & -7 & -14 \\ 0 & 1 & -1 & -1 \end{pmatrix} \xrightarrow[\text{②}\times\frac{1}{7}]{}$$

$$\begin{pmatrix}1&-1&2&3\\0&1&-1&-2\\0&1&-1&-1\end{pmatrix}\xrightarrow[\substack{①+②\times 1\\③+②\times(-1)}]{}\begin{pmatrix}1&0&1&1\\0&1&-1&-2\\0&0&0&1\end{pmatrix}\xrightarrow[\substack{①+③\times(-1)\\②+③\times 2}]{}$$

$$\begin{pmatrix}1&0&1&0\\0&1&-1&0\\0&0&0&1\end{pmatrix}.$$

したがって，rank $A = 3$. ▮

階段行列に変形したのち列の入れ替え $\boxed{1} \leftrightarrow \boxed{k_1}, \boxed{2} \leftrightarrow \boxed{k_2}, \cdots, \boxed{r} \leftrightarrow \boxed{k_r}$ を行うことにより，次の系が得られる．

> **系 4.5** 任意の $m\times n$ 行列 A は有限回の行基本変形と列の入れ替えにより
>
> $$\begin{pmatrix}E_r & * \\ O_{(m-r)\times r} & O_{(m-r)\times(n-r)}\end{pmatrix}$$
>
> の形に変形できる（ただし，r は A の階数）．すなわち，ある m 次正則行列 P と n 次正則行列 Q により PAQ を上の形にできる．

系 4.5 で得られた行列を A の**行標準形**と呼ぼう．行標準形は $*$ の部分を除けば A からただ 1 つに定まる．さらに，各 i $(1 \leqq i \leqq r)$ に対し第 i 行を (i, i) 成分ではき出すことにより，次のことがいえる．

> **系 4.6** 任意の $m\times n$ 行列 A は有限回の行基本変形と列基本変形により
>
> $$\begin{pmatrix}E_r & O_{r\times(n-r)} \\ O_{(m-r)\times r} & O_{(m-r)\times(n-r)}\end{pmatrix}$$
>
> の形に変形できる（ただし，r は A の階数）．これを A の（**基本**）**標準形**という．すなわち，ある m 次正則行列 P と n 次正則行列 Q により PAQ を基本標準形にできる．

問　　題

4.1 次の行列を行基本変形により階段行列にして，階数を求めよ．

（1） $\begin{pmatrix} 3 & -6 & 1 \\ -1 & 2 & 1 \end{pmatrix}$　　（2） $\begin{pmatrix} 0 & 2 & 1 & -2 \\ 0 & 7 & 3 & -9 \\ 0 & 3 & 1 & -5 \end{pmatrix}$

（3） $\begin{pmatrix} 4 & 5 & 6 & 7 & 0 \\ 1 & 2 & 3 & 4 & 1 \\ 3 & 4 & 5 & 6 & 1 \\ 2 & 3 & 4 & 5 & 1 \end{pmatrix}$　　（4） $\begin{pmatrix} 1 & 1 & a \\ 1 & a & 1 \\ a & 1 & 1 \end{pmatrix}$

4.2 2×3 行列において，階段行列の可能な形をすべて求めよ．任意の値をとりうる成分は $*$ を用いよ．

4.3 $A=\begin{pmatrix} 1 & 2 & 3 \\ 3 & 5 & 7 \\ 0 & 1 & 2 \end{pmatrix}$ に対して，PA が階段行列になるような正則行列 P を1つ求め，さらに PAQ が基本標準形となるような正則行列 Q を1つ求めよ．

4.4 $\begin{pmatrix} -1 & 0 \\ 0 & 1 \end{pmatrix}\begin{pmatrix} 1 & 0 \\ 1 & 1 \end{pmatrix}\begin{pmatrix} 1 & -1 \\ 0 & 1 \end{pmatrix}\begin{pmatrix} 1 & 0 \\ 1 & 1 \end{pmatrix}$ を計算し，その結果を利用して，基本行列 $F_n(i,j)$ を G_n 型と H_n 型の基本行列の積で表せ．

4.5 任意の n 次正方行列 A に対して，$ABA=A$ となるような n 次正則行列 B があることを示せ（系 4.6 を用いよ）．

4.2　連立1次方程式（はき出し法）

はき出し法　　一般の連立1次方程式

$$\begin{cases} a_{11}x_1+a_{12}x_2+\cdots+a_{1n}x_n=b_1 \\ a_{21}x_1+a_{22}x_2+\cdots+a_{2n}x_n=b_2 \\ \qquad\vdots \\ a_{m1}x_1+a_{m2}x_2+\cdots+a_{mn}x_n=b_m \end{cases} \tag{4.1}$$

に対して

$$\text{係数行列 } A=\begin{pmatrix} a_{11} & \cdots & a_{1n} \\ \vdots & \ddots & \vdots \\ a_{m1} & \cdots & a_{mn} \end{pmatrix},\quad \boldsymbol{x}=\begin{pmatrix} x_1 \\ \vdots \\ x_n \end{pmatrix},\quad \boldsymbol{b}=\begin{pmatrix} b_1 \\ \vdots \\ b_m \end{pmatrix}$$

とすると，(4.1) は

$$A\boldsymbol{x}=\boldsymbol{b} \tag{4.2}$$

と表せる．

$$(A\quad \boldsymbol{b})=\left(\begin{array}{ccc:c} a_{11} & \cdots & a_{1n} & b_1 \\ \vdots & \ddots & \vdots & \vdots \\ a_{m1} & \cdots & a_{mn} & b_m \end{array}\right)$$

を (4.1) の**拡大係数行列**といい，$\hat{A}$ で表すことにしよう．

連立方程式 (4.1) において，$m=n$ で A が正則であるときには，クラメルの公式により解くことを前章でみた．ここでは，拡大係数行列 $\hat{A}$ の行基本変形により一般の連立1次方程式 (4.1) を解くことを考える．そのような解き方を**はき出し法**または**消去法**という．

$\hat{A}=(A\quad \boldsymbol{b})$ の行基本変形は，対応する基本行列の積である m 次正則行列 P により

$$P\hat{A}=(PA\quad P\boldsymbol{b})$$

となる．次式の両辺に P^{-1} を左からかけることにより

$$PA\boldsymbol{x}=P\boldsymbol{b}$$

の解 $\boldsymbol{x}$ の集合と (4.2) の解の集合は一致することがわかるので，$P\hat{A}$ を簡単な形（たとえば階段行列）にして $PA\boldsymbol{x}=P\boldsymbol{b}$ を解けばよいことがわかる．

例 4.4　連立1次方程式 $\begin{cases} 2x+y-3z=3 \\ x+3y+z=4 \\ 3x-y-6z=1 \end{cases}$ をはき出し法で解こう．拡大係数行列を行基本変形により，階段行列に変形する．

$$\left(\begin{array}{ccc:c} 2 & 1 & -3 & 3 \\ 1 & 3 & 1 & 4 \\ 3 & -1 & -6 & 1 \end{array}\right) \xrightarrow[①\leftrightarrow②]{} \left(\begin{array}{ccc:c} 1 & 3 & 1 & 4 \\ 2 & 1 & -3 & 3 \\ 3 & -1 & -6 & 1 \end{array}\right) \xrightarrow[\substack{②+①\times(-2) \\ ③+①\times(-3)}]{}$$

$$\left(\begin{array}{ccc:c} 1 & 3 & 1 & 4 \\ 0 & -5 & -5 & -5 \\ 0 & -10 & -9 & -11 \end{array}\right) \xrightarrow[②\times\left(-\frac{1}{5}\right)]{} \left(\begin{array}{ccc:c} 1 & 3 & 1 & 4 \\ 0 & 1 & 1 & 1 \\ 0 & -10 & -9 & -11 \end{array}\right) \xrightarrow[\substack{①+②\times(-3) \\ ③+②\times 10}]{}$$

$$\left(\begin{array}{ccc:c} 1 & 0 & -2 & 1 \\ 0 & 1 & 1 & 1 \\ 0 & 0 & 1 & -1 \end{array}\right) \xrightarrow[\substack{①+③\times 2 \\ ②+③\times(-1)}]{} \left(\begin{array}{ccc:c} 1 & 0 & 0 & -1 \\ 0 & 1 & 0 & 2 \\ 0 & 0 & 1 & -1 \end{array}\right).$$

最後の拡大係数行列が表す連立１次方程式は

$$\begin{cases} x \quad\quad = -1 \\ \quad y \quad = \;\;\, 2 \\ \quad\quad z = -1 \end{cases} \text{であるので，解} \begin{cases} x = -1 \\ y = \;\;\, 2 \\ z = -1 \end{cases}$$

を得る． ▮

例 4.5　次の連立１次方程式を解く．

$$(1)\quad \begin{cases} x+2y-\;\,z = 3 \\ x+4y-5z = 1 \\ 3x+7y-5z = 8 \end{cases} \qquad (2)\quad \begin{cases} x+2y-\;\,z = 1 \\ x+4y-5z = 2 \\ 3x+7y-5z = 4 \end{cases}$$

２つの連立１次方程式の係数行列は等しいので，同時にはき出し法を用いて解いてみよう．

$$\left(\begin{array}{ccc:cc} 1 & 2 & -1 & 3 & 1 \\ 1 & 4 & -5 & 1 & 2 \\ 3 & 7 & -5 & 8 & 4 \end{array}\right) \xrightarrow[\substack{③+①\times(-3)}]{\substack{②+①\times(-1)}} \left(\begin{array}{ccc:cc} 1 & 2 & -1 & 3 & 1 \\ 0 & 2 & -4 & -2 & 1 \\ 0 & 1 & -2 & -1 & 1 \end{array}\right) \xrightarrow[②\leftrightarrow③]{}$$

$$\left(\begin{array}{ccc:cc} 1 & 2 & -1 & 3 & 1 \\ 0 & 1 & -2 & -1 & 1 \\ 0 & 2 & -4 & -2 & 1 \end{array}\right) \xrightarrow[\substack{①+②\times(-2) \\ ③+②\times(-2)}]{} \left(\begin{array}{ccc:cc} 1 & 0 & 3 & 5 & -1 \\ 0 & 1 & -2 & -1 & 1 \\ 0 & 0 & 0 & 0 & -1 \end{array}\right).$$

最後の行列は，(1) については，

$$\begin{cases} x+3z = \;\;\, 5 \\ y-2z = -1 \end{cases} \quad \text{すなわち} \quad \begin{cases} x = -3z+5 \\ y = 2z-1 \end{cases}$$

であることを示している．z を任意の数 t として (1) の解を次のように得る．

$$\begin{pmatrix} x \\ y \\ z \end{pmatrix} = \begin{pmatrix} -3t+5 \\ 2t-1 \\ t \end{pmatrix} = t\begin{pmatrix} -3 \\ 2 \\ 1 \end{pmatrix} + \begin{pmatrix} 5 \\ -1 \\ 0 \end{pmatrix} \quad (t \text{ は任意の数}).$$

一方，(2) については，最後の行の表す式は $0x+0y+0z = -1$ であるので，(2) の解は存在しない． ▮

解と階数 連立1次方程式の形をさらに簡単なものにするために，はき出し法に加え，未知数 $x_1, x_2, \cdots, x_n$ の順序の入れ替えを許すことにする．これは拡大係数行列において，最後の列（第 $n+1$ 列）を除いた，係数行列の部分だけでの列の入れ替えに相当する．

(4.1) の拡大係数行列 $\hat{A}$ からはき出し法で得られる $\hat{A}$ の階段標準形において，最後の列は除いた部分を行標準形にすると

$$\left(\begin{array}{ccc:ccc:c} 1 & & & b_{1\,r+1} & \cdots & b_{1n} & c_1 \\ & \ddots & & \vdots & & \vdots & \vdots \\ & & 1 & b_{r\,r+1} & \cdots & b_{rn} & c_r \\ \hdashline & & & & & & c_{r+1} \\ & O & & & O & & \mathbf{o} \end{array}\right) \tag{4.3}$$

の形になる（$c_{r+1}=1$ または 0）．これに対応する連立1次方程式は（列の入れ替えに応じた未知数の入れ替えをして）

$$\begin{cases} x_1 \qquad + b_{1\,r+1}x_{r+1} + \cdots + b_{1n}x_n = c_1 \\ \quad \vdots \qquad\qquad \vdots \qquad\qquad\qquad \vdots \\ \qquad x_r + b_{r\,r+1}x_{r+1} + \cdots + b_{rn}x_n = c_r \\ \qquad\qquad\qquad\qquad\qquad\qquad 0 = c_{r+1} \end{cases} \tag{4.4}$$

これより，(4.1) が解をもつためには $c_{r+1}=0$，すなわち，

$$\mathrm{rank}\,\hat{A} = r = \mathrm{rank}\,A$$

であることが必要かつ十分な条件であることがわかる．実際このとき解は，$x_{r+1}=t_1$，$\cdots$，$x_n = t_{n-r}$（$t_1, \cdots, t_{n-r}$ は任意の数）として，

$$\begin{cases} x_1 = c_1 - b_{1\,r+1}t_1 - \cdots - b_{1n}t_{n-r} \\ \quad \vdots \qquad\qquad\qquad \vdots \\ x_r = c_r - b_{r\,r+1}t_1 - \cdots - b_{rn}t_{n-r} \end{cases}$$

により得られる．とくに $r=n$ のときには，ただ1組の解 $x_i = c_i$ $(1 \leqq i \leqq n)$ をもつ．以上から次の定理が成り立つ．

定理 4.7 連立1次方程式 (4.1) の係数行列を A，拡大係数行列を $\hat{A}$ とするとき，(4.1) が解をもつための必要十分条件は

$$\mathrm{rank}\,\hat{A} = \mathrm{rank}\,A$$

である．さらに，$\text{rank}\,\hat{A} = \text{rank}\,A = n$（未知数の個数）のときに限り，ただ1組の解をもつ．

同次連立1次方程式　連立1次方程式(4.1)において，定数項がすべて0であるもの

$$\begin{cases} a_{11}x_1 + a_{12}x_2 + \cdots + a_{1n}x_n = 0 \\ a_{21}x_1 + a_{22}x_2 + \cdots + a_{2n}x_n = 0 \\ \qquad\qquad\vdots \\ a_{m1}x_1 + a_{m2}x_2 + \cdots + a_{mn}x_n = 0 \end{cases} \tag{4.5}$$

を**同次**または**斉次連立1次方程式**という．係数行列 A を用いれば

$$A\boldsymbol{x} = \boldsymbol{o} \tag{4.6}$$

と表される．同次連立1次方程式はつねに

$$x_1 = x_2 = \cdots = x_n = 0 \quad すなわち \quad \boldsymbol{x} = \boldsymbol{o}$$

を解にもつ．この解を**自明な解**といい，それ以外の解を**自明でない解**という．

定理 4.8　同次連立1次方程式(4.5)が自明でない解をもつための必要十分条件は

$$\text{rank}\,A < n\text{（未知数の個数）}$$

である．

証明　(4.5)は自明な解をもち，$\text{rank}\,A = \text{rank}\,\hat{A} \leqq n$ が成り立っているので，定理4.7から

$$\text{(4.5)が自明な解のみをもつ} \iff \text{rank}\,A = n$$

である．この対偶をとればよい．■

つねに $\text{rank}\,A \leqq m$（方程式の個数）であるので，定理4.8から次が成り立つ．

系 4.9　同次連立1次方程式(4.5)は

$$m\text{（方程式の個数）} < n\text{（未知数の個数）}$$

ならば，自明でない解をもつ．

問　題

4.6　次の連立１次方程式をはき出し法により解け．

（１）$\begin{cases} x-3y+6z = 2 \\ 2x-y+2z = -1 \\ 3x+2y-z = 1 \end{cases}$　（２）$\begin{cases} 3x-8y+5z = 4 \\ -x+4y-3z = -1 \end{cases}$

（３）$\begin{cases} 2x+5y+7z = 1 \\ x+3y+5z = 0 \\ 3x+7y+9z = 1 \end{cases}$　（４）$\begin{cases} -2x+3y+7z = 7 \\ 3x+y-5z = -5 \\ 5x+9y-z = -1 \end{cases}$

（５）$\begin{cases} x-3y+2z-w = 0 \\ -2x+6y-3z+w = 0 \\ 3x-9y+5z-2w = 0 \\ 2x-6y+z+w = 0 \end{cases}$　（６）$\begin{cases} x-y+2z-3w = 8 \\ 2x-y-2z+4w = -3 \\ 3x-2y+z+2w = 6 \\ -2x+2y+3z+w = 3 \end{cases}$

4.7　次の連立１次方程式が解をもつための a, b の条件を求めよ．

（１）$\begin{cases} x+2y = 1 \\ 3x+ay = 1 \\ -2x+by = 1 \end{cases}$　（２）$\begin{cases} x+y+z = a \\ x+2y-z = b \\ x+ay+(3-2a)z = 1 \end{cases}$

4.8　xy 平面内の互いに平行でない３直線 $a_ix+b_iy = c_i$ $(i = 1, 2, 3)$ に対して

$$A = \begin{pmatrix} a_1 & b_1 \\ a_2 & b_2 \\ a_3 & b_3 \end{pmatrix}, \quad \hat{A} = \begin{pmatrix} a_1 & b_1 & c_1 \\ a_2 & b_2 & c_2 \\ a_3 & b_3 & c_3 \end{pmatrix}$$

とおく．rank $\hat{A}$，rank A により３直線の位置関係を調べよ．

4.9　連立１次方程式 $A\boldsymbol{x} = \boldsymbol{b}$ において，１つの解を $\boldsymbol{x}_0$ とするとき，任意の解 $\boldsymbol{x}$ は，$A\boldsymbol{y} = \boldsymbol{o}$ のある解 $\boldsymbol{y}$ により $\boldsymbol{x} = \boldsymbol{x}_0+\boldsymbol{y}$ と表されることを示せ．

4.3　逆行列の計算

正則行列の性質　ここでまず，正則行列であるための必要十分条件をいくつかまとめておこう．

定理 4.10　n 次正方行列 A に関して，次の条件 (1)～(5) は同値である．

（１）A は正則行列である（すなわち $|A| \neq 0$）．

（２）rank $A = n$．

（３）A は行基本変形により E_n となる．

（４）A は基本行列の積で表される．

（５）同次連立１次方程式 $A\boldsymbol{x} = \boldsymbol{o}$ は自明な解のみをもつ．

証明　A が行基本変形により階段行列 B になったとすると，何個かの基本行列の積 $P = F_k \cdots F_2 F_1$ により $B = PA$ となる．

(1) $\Longrightarrow$ (2)：A, P は正則より B も正則である．もし $\mathrm{rank}\, A < n$ とすると，B の第 n 行の成分はすべて 0 が並ぶので $|B| = 0$ となる．これは B が正則に反するので $\mathrm{rank}\, A = n$ である．

(2) $\Longrightarrow$ (3)：$\mathrm{rank}\, A = n$ より，B の形は $(\boldsymbol{e}_1 \quad \boldsymbol{e}_2 \quad \cdots \quad \boldsymbol{e}_n) = E_n$ なので明らかである．

(3) $\Longrightarrow$ (4)：$PA = E_n$ より $A = P^{-1} = F_1{}^{-1} F_2{}^{-1} \cdots F_k{}^{-1}$ であり，定理 4.2 から基本行列の逆行列も基本行列であるので示されたことになる．

(4) $\Longrightarrow$ (1)：基本行列は正則より，その積も正則である．

(2) $\Longleftrightarrow$ (5)：定理 4.8 のいいかえである．

逆行列の求め方　n 次正方行列 A が正則のとき，定理 4.10 から有限個の基本行列の積 $P = F_k \cdots F_2 F_1$ により $PA = E_n$ とできる．このとき，P が A の逆行列 A^{-1} を与えていることになる．

そこで，$n \times 2n$ 行列 $(A \quad E_n)$ の左から順に $F_1, F_2, \cdots, F_k$ をかけると，

$$F_k \cdots F_2 F_1 (A \quad E_n) = P(A \quad E_n) = (PA \quad PE_n) = (E_n \quad P)$$

となる．このことは，A を E_n にするのと同じ行基本変形を E_n に行うと，E_n は A^{-1} に変形されることを示している．このような A の逆行列の求め方を連立 1 次方程式のときと同じく，はき出し法という．

例題 4.2　はき出し法により，$A = \begin{pmatrix} 2 & 1 & 1 \\ 1 & 2 & 1 \\ 1 & 1 & 2 \end{pmatrix}$ の逆行列を求めよ．

解　$$(A \quad E_3) = \left(\begin{array}{ccc|ccc} 2 & 1 & 1 & 1 & 0 & 0 \\ 1 & 2 & 1 & 0 & 1 & 0 \\ 1 & 1 & 2 & 0 & 0 & 1 \end{array}\right) \xrightarrow[\text{①}\leftrightarrow\text{③}]{} \left(\begin{array}{ccc|ccc} 1 & 1 & 2 & 0 & 0 & 1 \\ 1 & 2 & 1 & 0 & 1 & 0 \\ 2 & 1 & 1 & 1 & 0 & 0 \end{array}\right)$$

$$\xrightarrow[\substack{\text{②}+\text{①}\times(-1) \\ \text{③}+\text{①}\times(-2)}]{} \left(\begin{array}{ccc|ccc} 1 & 1 & 2 & 0 & 0 & 1 \\ 0 & 1 & -1 & 0 & 1 & -1 \\ 0 & -1 & -3 & 1 & 0 & -2 \end{array}\right) \xrightarrow[\substack{\text{①}+\text{②}\times(-1) \\ \text{③}+\text{②}\times 1}]{}$$

$$\left(\begin{array}{ccc:ccc} 1 & 0 & 3 & 0 & -1 & 2 \\ 0 & 1 & -1 & 0 & 1 & -1 \\ 0 & 0 & -4 & 1 & 1 & -3 \end{array}\right) \xrightarrow[③\times\left(-\frac{1}{4}\right)]{} \left(\begin{array}{ccc:ccc} 1 & 0 & 3 & 0 & -1 & 2 \\ 0 & 1 & -1 & 0 & 1 & -1 \\ 0 & 0 & 1 & -\frac{1}{4} & -\frac{1}{4} & \frac{3}{4} \end{array}\right)$$

$$\xrightarrow[\substack{①+③\times(-3) \\ ②+③\times 1}]{} \left(\begin{array}{ccc:ccc} 1 & 0 & 0 & \frac{3}{4} & -\frac{1}{4} & -\frac{1}{4} \\ 0 & 1 & 0 & -\frac{1}{4} & \frac{3}{4} & -\frac{1}{4} \\ 0 & 0 & 1 & -\frac{1}{4} & -\frac{1}{4} & \frac{3}{4} \end{array}\right).$$

したがって，$A^{-1} = \begin{pmatrix} \frac{3}{4} & -\frac{1}{4} & -\frac{1}{4} \\ -\frac{1}{4} & \frac{3}{4} & -\frac{1}{4} \\ -\frac{1}{4} & -\frac{1}{4} & \frac{3}{4} \end{pmatrix}$. ▮

注意 4.2　はき出し法で $(A \quad E)$ を変形の途中で，もし A の部分に 0 のみからなる行が現れると，継続しても A を E に変形することはできない．このことは，A が正則でないことを示していることになる．

問　題

4.10　次の行列が逆行列をもてば，それをはき出し法により求めよ．

（1）$\begin{pmatrix} 3 & 1 & 2 \\ 2 & 1 & 3 \\ 4 & 2 & -1 \end{pmatrix}$　（2）$\begin{pmatrix} 1 & 1 & 1 \\ 1 & a & 1 \\ 1 & 1 & b \end{pmatrix}$　（3）$\begin{pmatrix} 1 & 2 & -1 & 4 \\ 1 & 3 & -2 & 1 \\ -1 & 0 & 2 & 2 \\ 0 & -5 & 2 & 3 \end{pmatrix}$

（4）$\begin{pmatrix} 1 & 1 & 1 & 2 \\ 2 & 3 & 0 & 2 \\ 2 & 1 & 1 & 2 \\ 1 & 2 & 1 & 3 \end{pmatrix}$　（5）$\begin{pmatrix} 1 & 0 & & O \\ -1 & 1 & & \\ & \ddots & \ddots & \\ O & & -1 & 1 \end{pmatrix}$

4.11　次の行列 A を基本行列の積で表せ．

（1）$A=\begin{pmatrix}1 & a & c\\ 0 & 1 & b\\ 0 & 0 & 1\end{pmatrix}$　　（2）$A=\begin{pmatrix}a & b\\ c & d\end{pmatrix}$ （$|A| \neq 0,\quad a \neq 0$）

4.12　a, b, c, α, β を定数とするとき（$\alpha > 0$），x に関する等式

$$\frac{ax^2+bx+c}{(x^2+\alpha)(x+\beta)}=\frac{k_1x+k_2}{x^2+\alpha}+\frac{k_3}{x+\beta}$$

をみたす定数 k_1, k_2, k_3 がただ1組存在することを示せ．

5

数ベクトル空間

5.1 部分空間

列ベクトルおよび行ベクトルを数ベクトルと呼んだ．列ベクトルと行ベクトルは，成分の並ぶ方向の違いだけで本質的には同じであるので，ここでは数ベクトルとして主に列ベクトルを扱うことにし，簡単に**ベクトル**とも呼ぶ．n 次列ベクトルの全体の集合を $\boldsymbol{R}^n$ で表し，**n 次元数ベクトル空間**という．$\boldsymbol{R}$ は実数全体の集合を表す．$\boldsymbol{R}^n$ には $n\times 1$ 行列としての和とスカラー倍が定義されていた．また，この章も $\boldsymbol{R}$ のかわりに $\boldsymbol{C}$（複素数全体）として読むことができる．ベクトルの成分が実数，複素数を明示したいときには，それぞれ**実ベクトル**，**複素ベクトル**と呼ぼう．

部分空間　$\boldsymbol{R}^n$ の（空でない）部分集合 V が和とスカラー倍について閉じている，すなわち次の 2 条件 (1), (2) をみたすとき，V は $\boldsymbol{R}^n$ の**部分ベクトル空間**または**部分空間**であるという．

$$\begin{aligned}&(1)\quad \boldsymbol{a}, \boldsymbol{b} \in V \text{ ならば } \boldsymbol{a}+\boldsymbol{b} \in V,\\ &(2)\quad k \in \boldsymbol{R},\ \boldsymbol{a} \in V \text{ ならば } k\boldsymbol{a} \in V.\end{aligned} \tag{5.1}$$

注意 5.1　部分空間 V に属する 1 つのベクトル $\boldsymbol{a}$ に対して，$\boldsymbol{o} = 0\boldsymbol{a} \in V$ であるから，V はつねに零ベクトル $\boldsymbol{o}$ を含む．

例 5.1　$\boldsymbol{R}^n$ と零空間 $\{\boldsymbol{o}\}$ は明らかに $\boldsymbol{R}^n$ の部分空間である．これらを $\boldsymbol{R}^n$ の**自明な部分空間**という．■

例 5.2　$\boldsymbol{R}^3$ を xyz 空間の点全体と同一視したとき，次のような原点を通る，

直線 V_1 や平面 V_2 は $\boldsymbol{R}^3$ の部分空間である．

$$V_1 = \left\{ \begin{pmatrix} x \\ y \\ z \end{pmatrix} \middle| \, x = 2y = 3z \right\}, \quad V_2 = \left\{ \begin{pmatrix} x \\ y \\ z \end{pmatrix} \middle| \, x+2y+3z = 0 \right\}.$$

V_2 が $\boldsymbol{R}^3$ の部分空間であることを確かめてみよう．V_2 のベクトル $\boldsymbol{x}_1 = \begin{pmatrix} x_1 \\ y_1 \\ z_1 \end{pmatrix}$, $\boldsymbol{x}_2 = \begin{pmatrix} x_2 \\ y_2 \\ z_2 \end{pmatrix}$ とスカラー k に対して，

$$(x_1+x_2)+2(y_1+y_2)+3(z_1+z_2) = (x_1+2y_1+3z_1)+(x_2+2y_2+3z_2) = 0,$$
$$kx_1+2(ky_1)+3(kz_1) = k(x_1+2y_1+3z_1) = 0$$

である．これらは，$\boldsymbol{x}_1+\boldsymbol{x}_2 = \begin{pmatrix} x_1+x_2 \\ y_1+y_2 \\ z_1+z_2 \end{pmatrix}$, $k\boldsymbol{x}_1 = \begin{pmatrix} kx_1 \\ ky_1 \\ kz_1 \end{pmatrix}$ が V_2 に属することを示している． ▮

例 5.3（解空間） A を $m \times n$ 行列とする．同次連立 1 次方程式 $A\boldsymbol{x} = \boldsymbol{o}$ の解の全体

$$V = \{\boldsymbol{x} \in \boldsymbol{R}^n \mid A\boldsymbol{x} = \boldsymbol{o}\}$$

は $\boldsymbol{R}^n$ の部分空間になる．これを連立 1 次方程式 $A\boldsymbol{x} = \boldsymbol{o}$ の**解空間**という．

実際に，$\boldsymbol{x}, \boldsymbol{y} \in V$ と $k \in \boldsymbol{R}$ に対して

$$A(\boldsymbol{x}+\boldsymbol{y}) = A\boldsymbol{x}+A\boldsymbol{y} = \boldsymbol{o}+\boldsymbol{o} = \boldsymbol{o},$$
$$A(k\boldsymbol{x}) = k(A\boldsymbol{x}) = k\boldsymbol{o} = \boldsymbol{o}$$

より $\boldsymbol{x}+\boldsymbol{y}, k\boldsymbol{x} \in V$ である．

A として $\begin{pmatrix} 1 & -2 & 0 \\ 0 & 2 & -3 \end{pmatrix}$, $(1 \quad 2 \quad 3)$ をとったときの解空間がそれぞれ例 5.2 の V_1, V_2 になっていることがわかる． ▮

▮ 1 次結合 ▮ $\boldsymbol{R}^n$ の有限個のベクトル $\boldsymbol{a}_1, \boldsymbol{a}_2, \cdots, \boldsymbol{a}_r$ とスカラー $k_1, k_2, \cdots, k_r$ に対して

$$k_1\boldsymbol{a}_1+k_2\boldsymbol{a}_2+\cdots+k_r\boldsymbol{a}_r \tag{5.2}$$

の形に表されるベクトルを $\boldsymbol{a}_1, \boldsymbol{a}_2, \cdots, \boldsymbol{a}_r$ の**1次結合**という．$\boldsymbol{a}_1, \boldsymbol{a}_2, \cdots, \boldsymbol{a}_r$ の1次結合の全体の集合を

$$\langle \boldsymbol{a}_1, \boldsymbol{a}_2, \cdots, \boldsymbol{a}_r \rangle \tag{5.3}$$

で表し，$\boldsymbol{a}_1, \boldsymbol{a}_2, \cdots, \boldsymbol{a}_r$ の**張る**または**生成する部分空間**という．$\langle \boldsymbol{a}_1, \cdots, \boldsymbol{a}_r \rangle$ が $\boldsymbol{R}^n$ の部分空間であることは，

$$\boldsymbol{x} = x_1\boldsymbol{a}_1 + \cdots + x_r\boldsymbol{a}_r, \quad \boldsymbol{y} = y_1\boldsymbol{a}_1 + \cdots + y_r\boldsymbol{a}_r \quad (x_i, y_i \in \boldsymbol{R}), \quad k \in \boldsymbol{R}$$

に対して

$$\boldsymbol{x} + \boldsymbol{y} = (x_1 + y_1)\boldsymbol{a}_1 + \cdots + (x_r + y_r)\boldsymbol{a}_r, \quad k\boldsymbol{x} = (kx_1)\boldsymbol{a}_1 + \cdots + (kx_r)\boldsymbol{a}_r$$

であることからわかる．また，$\boldsymbol{R}^n$ の部分空間 V において

$$\boldsymbol{a}_1, \boldsymbol{a}_2, \cdots, \boldsymbol{a}_r \in V \Longrightarrow \langle \boldsymbol{a}_1, \boldsymbol{a}_2, \cdots, \boldsymbol{a}_r \rangle \subset V \tag{5.4}$$

であることに注意しておこう．

例 5.4　$\boldsymbol{R}^3$ のベクトル $\boldsymbol{a} = \begin{pmatrix} 1 \\ -5 \\ 4 \end{pmatrix}$ を $\boldsymbol{a}_1 = \begin{pmatrix} 1 \\ -2 \\ 3 \end{pmatrix}$，$\boldsymbol{a}_2 = \begin{pmatrix} 0 \\ 1 \\ 0 \end{pmatrix}$，$\boldsymbol{a}_3 = \begin{pmatrix} -2 \\ 3 \\ -5 \end{pmatrix}$ の1次結合として書き表そう．そのためには，$\boldsymbol{a} = k_1\boldsymbol{a}_1 + k_2\boldsymbol{a}_2 + k_3\boldsymbol{a}_3$ をみたす実数 k_1, k_2, k_3 を求めればよい．すなわち

$$\begin{pmatrix} 1 \\ -5 \\ 4 \end{pmatrix} = k_1\begin{pmatrix} 1 \\ -2 \\ 3 \end{pmatrix} + k_2\begin{pmatrix} 0 \\ 1 \\ 0 \end{pmatrix} + k_3\begin{pmatrix} -2 \\ 3 \\ -5 \end{pmatrix} = \begin{pmatrix} k_1 - 2k_3 \\ -2k_1 + k_2 + 3k_3 \\ 3k_1 - 5k_3 \end{pmatrix}.$$

これは k_1, k_2, k_3 に関する連立1次方程式であり，はき出し法で解いてみる．

$$\left(\begin{array}{ccc:c} 1 & 0 & -2 & 1 \\ -2 & 1 & 3 & -5 \\ 3 & 0 & -5 & 4 \end{array}\right) \xrightarrow[\substack{②+①\times 2 \\ ③+①\times(-3)}]{} \left(\begin{array}{ccc:c} 1 & 0 & -2 & 1 \\ 0 & 1 & -1 & -3 \\ 0 & 0 & 1 & 1 \end{array}\right) \xrightarrow[\substack{①+③\times 2 \\ ②+③\times 1}]{} \left(\begin{array}{ccc:c} 1 & 0 & 0 & 3 \\ 0 & 1 & 0 & -2 \\ 0 & 0 & 1 & 1 \end{array}\right)$$

これより，解 $k_1 = 3$，$k_2 = -2$，$k_3 = 1$ を得るので，$\boldsymbol{a} = 3\boldsymbol{a}_1 - 2\boldsymbol{a}_2 + \boldsymbol{a}_3$ と表される．▓

例 5.5　V_1, V_2 を例 5.2 と同じ $\boldsymbol{R}^3$ の部分空間とする．

V_1 について，$x = 2y = 3z$ をみたす x, y, z は任意の実数 t に対して $z = 2t$ としたとき，$x = 6t$，$y = 3t$ と表される．したがって

$$V_1 = \left\{ \begin{pmatrix} 6t \\ 3t \\ 2t \end{pmatrix} \middle| \ t \in \boldsymbol{R} \right\} = \left\{ t\begin{pmatrix} 6 \\ 3 \\ 2 \end{pmatrix} \middle| \ t \in \boldsymbol{R} \right\} = \left\langle \begin{pmatrix} 6 \\ 3 \\ 2 \end{pmatrix} \right\rangle$$

である．一方，V_2 について，$x+2y+3z=0$ をみたす x, y, z は任意の 2 実数 s, t に対して $y=s$，$z=t$ としたとき，$x=-2s-3t$ と表されるので，

$$V_2 = \left\{ \begin{pmatrix} -2s-3t \\ s \\ t \end{pmatrix} \middle| \ s, t \in \boldsymbol{R} \right\} = \left\{ s\begin{pmatrix} -2 \\ 1 \\ 0 \end{pmatrix} + t\begin{pmatrix} -3 \\ 0 \\ 1 \end{pmatrix} \middle| \ s, t \in \boldsymbol{R} \right\}$$

$$= \left\langle \begin{pmatrix} -2 \\ 1 \\ 0 \end{pmatrix}, \begin{pmatrix} -3 \\ 0 \\ 1 \end{pmatrix} \right\rangle.$$

■

例 5.6　$\boldsymbol{R}^n$ の基本列ベクトルを $\boldsymbol{e}_1 = \begin{pmatrix} 1 \\ 0 \\ \vdots \\ 0 \end{pmatrix}$，…，$\boldsymbol{e}_n = \begin{pmatrix} 0 \\ \vdots \\ 0 \\ 1 \end{pmatrix}$ とするとき，

$\boldsymbol{R}^n$ の任意のベクトル $\boldsymbol{k} = \begin{pmatrix} k_1 \\ \vdots \\ k_n \end{pmatrix}$ は

$$\boldsymbol{k} = k_1\boldsymbol{e}_1 + \cdots + k_n\boldsymbol{e}_n$$

と表されるので，$\boldsymbol{R}^n = \langle \boldsymbol{e}_1, \cdots, \boldsymbol{e}_n \rangle$ である．■

問　　題

5.1　$\boldsymbol{R}^3$ において，次をみたす $\boldsymbol{x} = \begin{pmatrix} x \\ y \\ z \end{pmatrix}$ の全体 V は部分空間か調べよ．

（1）$z = 2x - 3y$　　（2）x, y, z は整数

（3）$xy \geqq 0$　　（4）$\begin{pmatrix} x & y \\ z & -x \end{pmatrix}\begin{pmatrix} a \\ b \end{pmatrix} = \begin{pmatrix} 0 \\ 0 \end{pmatrix}$（$a, b$ は定数）

5.2　A を $m \times n$ 行列，$\boldsymbol{o} \neq \boldsymbol{a} \in \boldsymbol{R}^m$ とする．次の集合 V は $\boldsymbol{R}^n$ の部分空間か調べよ．

（1） $V=\{\boldsymbol{x}\in \boldsymbol{R}^n \mid A\boldsymbol{x}=\boldsymbol{a}\}$　　（2） $V=\{\boldsymbol{x}\in \boldsymbol{R}^n \mid A\boldsymbol{x}\in\langle\boldsymbol{a}\rangle\}$

5.3 次のベクトル $\boldsymbol{a}$ がベクトル $\boldsymbol{a}_1, \boldsymbol{a}_2, \boldsymbol{a}_3$ の1次結合で表せるか調べよ．

（1） $\boldsymbol{a}=\begin{pmatrix}1\\5\\7\end{pmatrix},\ \boldsymbol{a}_1=\begin{pmatrix}1\\1\\-1\end{pmatrix},\ \boldsymbol{a}_2=\begin{pmatrix}2\\0\\3\end{pmatrix},\ \boldsymbol{a}_3=\begin{pmatrix}-1\\1\\2\end{pmatrix}$

（2） $\boldsymbol{a}=\begin{pmatrix}1\\1\\1\end{pmatrix},\ \boldsymbol{a}_1=\begin{pmatrix}1\\2\\-1\end{pmatrix},\ \boldsymbol{a}_2=\begin{pmatrix}2\\3\\-1\end{pmatrix},\ \boldsymbol{a}_3=\begin{pmatrix}3\\4\\-1\end{pmatrix}$

5.4 次のベクトル $\boldsymbol{a}_1, \boldsymbol{a}_2$ の張る部分空間を解空間としてもつような同次連立1次方程式を1つ求めよ．

（1） $\boldsymbol{a}_1=\begin{pmatrix}1\\-1\\2\end{pmatrix},\ \boldsymbol{a}_2=\begin{pmatrix}2\\1\\-1\end{pmatrix}$　　（2） $\boldsymbol{a}_1=\begin{pmatrix}1\\-2\\-3\\1\end{pmatrix},\ \boldsymbol{a}_2=\begin{pmatrix}1\\1\\-2\\-2\end{pmatrix}$

5.2　1次独立と1次従属

$\boldsymbol{R}^n$ のベクトル $\boldsymbol{a}_1, \boldsymbol{a}_2, \cdots, \boldsymbol{a}_r$ についての関係式

$$k_1\boldsymbol{a}_1+k_2\boldsymbol{a}_2+\cdots+k_r\boldsymbol{a}_r=\boldsymbol{o} \tag{5.5}$$

をみたすスカラー $k_1, k_2, \cdots, k_r$ で少なくとも1つは0でないものがあるとき，$\boldsymbol{a}_1, \boldsymbol{a}_2, \cdots, \boldsymbol{a}_r$ は**1次従属**であるという．1次従属でないとき，すなわち(5.5)をみたすスカラーは

$$k_1=k_2=\cdots=k_r=0$$

に限られるとき，$\boldsymbol{a}_1, \boldsymbol{a}_2, \cdots, \boldsymbol{a}_r$ は**1次独立**であるという．

いいかえると，(5.5)を $k_1, k_2, \cdots, k_r$ を未知数とする連立1次方程式とみたときに

$$\boldsymbol{a}_1, \boldsymbol{a}_2, \cdots, \boldsymbol{a}_r \text{ が1次従属} \iff \text{(5.5)が自明でない解をもつ} \tag{5.6}$$

$$\boldsymbol{a}_1, \boldsymbol{a}_2, \cdots, \boldsymbol{a}_r \text{ が1次独立} \iff \text{(5.5)が自明な解のみをもつ} \tag{5.7}$$

である．

注意5.2 1つのベクトル $\boldsymbol{a}_1$ については

$$\boldsymbol{a}_1 \text{ が1次従属} \iff \boldsymbol{a}_1=\boldsymbol{o} \tag{5.8}$$

であり，2つのベクトル $\boldsymbol{a}_1, \boldsymbol{a}_2$ については

$$\boldsymbol{a}_1, \boldsymbol{a}_2 \text{ が1次従属} \iff \text{一方が他方のスカラー倍} \tag{5.9}$$

であることがわかる．

例 5.7　$\boldsymbol{R}^n$ の基本列ベクトル $\boldsymbol{e}_1, \cdots, \boldsymbol{e}_n$ は 1 次独立である．

実際に $k_1\boldsymbol{e}_1+\cdots+k_n\boldsymbol{e}_n=\boldsymbol{o}$ とすると $\begin{pmatrix} k_1 \\ \vdots \\ k_n \end{pmatrix}=\begin{pmatrix} 0 \\ \vdots \\ 0 \end{pmatrix}$，すなわち，$k_1=\cdots=k_n=0$ である．■

例題 5.1　$\boldsymbol{R}^3$ の 3 つのベクトル $\boldsymbol{a}_1=\begin{pmatrix} 1 \\ 2 \\ 3 \end{pmatrix}$，$\boldsymbol{a}_2=\begin{pmatrix} 1 \\ 3 \\ 5 \end{pmatrix}$，$\boldsymbol{a}_3=\begin{pmatrix} 1 \\ 4 \\ 7 \end{pmatrix}$ が 1 次従属か 1 次独立かを調べよ．

解　スカラー k_1, k_2, k_3 について $k_1\boldsymbol{a}_1+k_2\boldsymbol{a}_2+k_3\boldsymbol{a}_3=\boldsymbol{o}$ とおくと，連立 1 次方程式

$$\begin{cases} k_1+\ k_2+\ k_3=0 \\ 2k_1+3k_2+4k_3=0 \\ 3k_1+5k_2+7k_3=0 \end{cases}$$

を得る．これをはき出し法で解こう．

$$\left(\begin{array}{ccc:c} 1 & 1 & 1 & 0 \\ 2 & 3 & 4 & 0 \\ 3 & 5 & 7 & 0 \end{array}\right) \xrightarrow[\substack{②+①\times(-2) \\ ③+①\times(-3)}]{} \left(\begin{array}{ccc:c} 1 & 1 & 1 & 0 \\ 0 & 1 & 2 & 0 \\ 0 & 2 & 4 & 0 \end{array}\right) \xrightarrow[\substack{①+②\times(-1) \\ ③+②\times(-2)}]{} \left(\begin{array}{ccc:c} 1 & 0 & -1 & 0 \\ 0 & 1 & 2 & 0 \\ 0 & 0 & 0 & 0 \end{array}\right)$$

これより $k_1-k_3=0$，$k_2+2k_3=0$ である．たとえば，$k_1=1$，$k_2=-2$，$k_3=1$ が 1 つの自明でない解であり

$$\boldsymbol{a}_1-2\boldsymbol{a}_2+\boldsymbol{a}_3=\boldsymbol{o}$$

が成り立つので $\boldsymbol{a}_1, \boldsymbol{a}_2, \boldsymbol{a}_3$ は 1 次従属である．

（別解）　ベクトルの次数と個数が等しいときには，1 次独立かどうかを判定するだけであれば，定理 4.10 の (1) $\Longleftrightarrow$ (5) と (5.7) からすぐにわかる次の事実を用いることができる．すなわち，一般に n 次正方行列 $A=(\boldsymbol{a}_1\ \cdots\ \boldsymbol{a}_n)$ において

$$|A| \neq 0 \Longleftrightarrow \boldsymbol{a}_1, \cdots, \boldsymbol{a}_n \text{ は 1 次独立} \qquad (5.10)$$

ここでは，行列式 $|\boldsymbol{a}_1 \quad \boldsymbol{a}_2 \quad \boldsymbol{a}_3| = 0$ であるので $\boldsymbol{a}_1, \boldsymbol{a}_2, \boldsymbol{a}_3$ は1次従属であることがわかる． ▮

与えられたいくつかのベクトルが1次独立かどうかを判定する際，次の2つの定理はその判断の基礎になるものである．

定理 5.1　$\boldsymbol{b}, \boldsymbol{a}_1, \cdots, \boldsymbol{a}_r$ を $\boldsymbol{R}^n$ のベクトルとし，$\boldsymbol{a}_1, \cdots, \boldsymbol{a}_r$ は1次独立とするとき

$$\boldsymbol{b}, \boldsymbol{a}_1, \cdots, \boldsymbol{a}_r \text{ が1次従属} \iff \boldsymbol{b} \in \langle \boldsymbol{a}_1, \cdots, \boldsymbol{a}_r \rangle$$

である．さらにこのとき，$\boldsymbol{b}$ の $\boldsymbol{a}_1, \cdots, \boldsymbol{a}_r$ を用いた1次結合の表し方はただ1通りである．

証明　$\boldsymbol{b}, \boldsymbol{a}_1, \cdots, \boldsymbol{a}_r$ が1次従属とすると

$$k_0\boldsymbol{b} + k_1\boldsymbol{a}_1 + \cdots + k_r\boldsymbol{a}_r = \boldsymbol{o}$$

となるスカラー $k_0, k_1, \cdots, k_r$ で，ある $k_i \neq 0$ となるものがある．もし $k_0 = 0$ ならば，$k_1\boldsymbol{a}_1 + \cdots + k_r\boldsymbol{a}_r = \boldsymbol{o}$ となって $\boldsymbol{a}_1, \cdots, \boldsymbol{a}_r$ が1次独立に反する．したがって，$k_0 \neq 0$ である．このとき

$$\boldsymbol{b} = \left(-\frac{k_1}{k_0}\right)\boldsymbol{a}_1 + \cdots + \left(-\frac{k_r}{k_0}\right)\boldsymbol{a}_r \in \langle \boldsymbol{a}_1, \cdots, \boldsymbol{a}_r \rangle.$$

逆に $\boldsymbol{b} = l_1\boldsymbol{a}_1 + \cdots + l_r\boldsymbol{a}_r$ $(l_i \in \boldsymbol{R})$ と表されるとき

$$(-1)\boldsymbol{b} + l_1\boldsymbol{a}_1 + \cdots + l_r\boldsymbol{a}_r = \boldsymbol{o}$$

であるので $\boldsymbol{b}, \boldsymbol{a}_1, \cdots, \boldsymbol{a}_r$ は1次従属である．

最後に，$\boldsymbol{b} = l_1'\boldsymbol{a}_1 + \cdots + l_r'\boldsymbol{a}_r$ $(l_i' \in \boldsymbol{R})$ とも表されたとすると

$$l_1\boldsymbol{a}_1 + \cdots + l_r\boldsymbol{a}_r = l_1'\boldsymbol{a}_1 + \cdots + l_r'\boldsymbol{a}_r.$$

左辺から右辺をひいて整理すると

$$(l_1 - l_1')\boldsymbol{a}_1 + \cdots + (l_r - l_r')\boldsymbol{a}_r = \boldsymbol{o}$$

であり，$\boldsymbol{a}_1, \cdots, \boldsymbol{a}_r$ は1次独立より $l_1 - l_1' = \cdots = l_r - l_r' = 0$．したがって $l_1 = l_1'$，…，$l_r = l_r'$．すなわち $\boldsymbol{a}_1, \cdots, \boldsymbol{a}_r$ による1次結合の表し方が1通りであることがわかる． ▮

定理 5.2　$\boldsymbol{R}^n$ の r 個のベクトル $\boldsymbol{a}_1, \cdots, \boldsymbol{a}_r$ の生成する部分空間 $\langle \boldsymbol{a}_1, \cdots, \boldsymbol{a}_r \rangle$ に属する $r+1$ 個以上のベクトルは1次従属である．

証明　$s \geqq r+1$ とし，$\boldsymbol{b}_1, \cdots, \boldsymbol{b}_s \in \langle \boldsymbol{a}_1, \cdots, \boldsymbol{a}_r \rangle$ とする．このとき，各 j $(1 \leqq j \leqq s)$ に対して

$$\boldsymbol{b}_j = c_{1j}\boldsymbol{a}_1 + c_{2j}\boldsymbol{a}_2 + \cdots + c_{rj}\boldsymbol{a}_r = (\boldsymbol{a}_1 \ \cdots \ \boldsymbol{a}_r)\begin{pmatrix} c_{1j} \\ \vdots \\ c_{rj} \end{pmatrix}$$

と書き表される($c_{ij} \in \boldsymbol{R}$).このとき $r \times s$ 行列 $C = (c_{ij}) = (\boldsymbol{c}_1 \ \cdots \ \boldsymbol{c}_s)$,$n \times r$ 行列 $A = (\boldsymbol{a}_1 \ \cdots \ \boldsymbol{a}_r)$ とすると

$$(\boldsymbol{b}_1 \ \cdots \ \boldsymbol{b}_s) = (A\boldsymbol{c}_1 \ \cdots \ A\boldsymbol{c}_s) = A(\boldsymbol{c}_1 \ \cdots \ \boldsymbol{c}_s) = AC.$$

$r < s$ であるので,系 4.9 から連立 1 次方程式

$$C\boldsymbol{x} = \begin{pmatrix} c_{11} & \cdots & c_{1s} \\ \vdots & & \vdots \\ c_{r1} & \cdots & c_{rs} \end{pmatrix}\begin{pmatrix} x_1 \\ \vdots \\ x_s \end{pmatrix} = \begin{pmatrix} 0 \\ \vdots \\ 0 \end{pmatrix}$$

は自明でないある解 $x_1, \cdots, x_s$ をもつ.このとき,

$$x_1\boldsymbol{b}_1 + \cdots + x_s\boldsymbol{b}_s = (\boldsymbol{b}_1 \ \cdots \ \boldsymbol{b}_s)\begin{pmatrix} x_1 \\ \vdots \\ x_s \end{pmatrix} = AC\boldsymbol{x} = \boldsymbol{o}.$$

したがって,$\boldsymbol{b}_1, \cdots, \boldsymbol{b}_s$ は 1 次従属である. ■

n 次基本列ベクトル $\boldsymbol{e}_1, \cdots, \boldsymbol{e}_n$ により $\boldsymbol{R}^n = \langle \boldsymbol{e}_1, \cdots, \boldsymbol{e}_n \rangle$ であったので,定理 5.2 から次の系が得られる.

系 5.3 $\boldsymbol{R}^n$ の $n+1$ 個以上のベクトルは 1 次従属である.

問　題

5.5 次の各組のベクトルについて,1 次独立か 1 次従属か調べよ.1 次従属のときにはその関係式を表せ.

(1) $\boldsymbol{a}_1 = \begin{pmatrix} 1 \\ -2 \\ 0 \end{pmatrix}$, $\boldsymbol{a}_2 = \begin{pmatrix} 1 \\ 3 \\ -1 \end{pmatrix}$, $\boldsymbol{a}_3 = \begin{pmatrix} 5 \\ 0 \\ -2 \end{pmatrix}$

(2) $\boldsymbol{a}_1 = \begin{pmatrix} 1 \\ 3 \\ 5 \end{pmatrix}$, $\boldsymbol{a}_2 = \begin{pmatrix} 2 \\ -1 \\ 1 \end{pmatrix}$, $\boldsymbol{a}_3 = \begin{pmatrix} 3 \\ -2 \\ 4 \end{pmatrix}$

(3) $\boldsymbol{a}_1 = \begin{pmatrix} 1 \\ 1 \\ 1 \end{pmatrix}$, $\boldsymbol{a}_2 = \begin{pmatrix} 2 \\ 1 \\ 0 \end{pmatrix}$, $\boldsymbol{a}_3 = \begin{pmatrix} 1 \\ 0 \\ 2 \end{pmatrix}$, $\boldsymbol{a}_4 = \begin{pmatrix} 0 \\ 2 \\ 1 \end{pmatrix}$

（4） $\boldsymbol{a}_1 = \begin{pmatrix} 1 \\ 1 \\ 3 \\ -1 \end{pmatrix}$, $\boldsymbol{a}_2 = \begin{pmatrix} 2 \\ 3 \\ -1 \\ 1 \end{pmatrix}$, $\boldsymbol{a}_3 = \begin{pmatrix} 4 \\ 7 \\ -9 \\ k \end{pmatrix}$

5.6 （1） $\boldsymbol{a}_1, \boldsymbol{a}_2, \boldsymbol{a}_3$ が1次独立のとき，$\boldsymbol{a}_1+\boldsymbol{a}_2, \boldsymbol{a}_2+\boldsymbol{a}_3, \boldsymbol{a}_3+\boldsymbol{a}_1$ も1次独立であることを示せ．

（2） $\boldsymbol{a}_1, \boldsymbol{a}_2, \boldsymbol{a}_3, \boldsymbol{a}_4$ が1次独立のとき，$\boldsymbol{a}_1+\boldsymbol{a}_2, \boldsymbol{a}_2+\boldsymbol{a}_3, \boldsymbol{a}_3+\boldsymbol{a}_4, \boldsymbol{a}_4+\boldsymbol{a}_1$ も1次独立になるか．

5.7 $\boldsymbol{R}^3$ の4つのベクトル $\boldsymbol{a}_1, \boldsymbol{a}_2, \boldsymbol{a}_3, \boldsymbol{a}_4$ の中のいずれの3つも1次独立とする．このとき $k_1\boldsymbol{a}_1+k_2\boldsymbol{a}_2+k_3\boldsymbol{a}_3+k_4\boldsymbol{a}_4 = \boldsymbol{o}$ をみたすスカラー $k_i \neq 0$ $(1 \leqq i \leqq 4)$ があり，$k_1 = 1$ である表し方は1通りしかないことを示せ．

5.3 基底と次元

基　底　V を $\boldsymbol{R}^n$ の部分空間とする．V に属するベクトル $\boldsymbol{a}_1, \boldsymbol{a}_2, \cdots, \boldsymbol{a}_r$ が次の2条件

（1） $\boldsymbol{a}_1, \boldsymbol{a}_2, \cdots, \boldsymbol{a}_r$ は1次独立

（2） $V = \langle \boldsymbol{a}_1, \boldsymbol{a}_2, \cdots, \boldsymbol{a}_r \rangle$　　(5.11)

をみたすとき，$\{\boldsymbol{a}_1, \boldsymbol{a}_2, \cdots, \boldsymbol{a}_r\}$ を V の**基底**という．$\boldsymbol{a}_1, \boldsymbol{a}_2, \cdots, \boldsymbol{a}_r$ が V の基底をなすともいう．

注意5.3　定理5.1より，V の任意のベクトル $\boldsymbol{b}$ は基底 $\{\boldsymbol{a}_1, \cdots, \boldsymbol{a}_r\}$ を用いて $\boldsymbol{b} = k_1\boldsymbol{a}_1+\cdots+k_r\boldsymbol{a}_r$ $(k_1, \cdots, k_r \in \boldsymbol{R})$ の形にただ1通りに表される．この r 個のスカラー $k_1, \cdots, k_r$ の組をベクトル $\boldsymbol{b}$ の基底 $\{\boldsymbol{a}_1, \cdots, \boldsymbol{a}_r\}$ に関する**成分**という．

例5.8　$\boldsymbol{R}^n$ の基本列ベクトル $\boldsymbol{e}_1, \cdots, \boldsymbol{e}_n$ は1次独立で $\langle \boldsymbol{e}_1, \cdots, \boldsymbol{e}_n \rangle = \boldsymbol{R}^n$ であったので，$\{\boldsymbol{e}_1, \cdots, \boldsymbol{e}_n\}$ は $\boldsymbol{R}^n$ の基底である．この基底を $\boldsymbol{R}^n$ の**標準基底**という．

例5.9　$\boldsymbol{R}^3$ の3つのベクトル $\boldsymbol{a}_1 = \begin{pmatrix} 1 \\ 1 \\ 1 \end{pmatrix}$, $\boldsymbol{a}_2 = \begin{pmatrix} 0 \\ 1 \\ 1 \end{pmatrix}$, $\boldsymbol{a}_3 = \begin{pmatrix} 0 \\ 0 \\ 1 \end{pmatrix}$ について，

行列式 $|\boldsymbol{a}_1 \;\; \boldsymbol{a}_2 \;\; \boldsymbol{a}_3| = 1 \neq 0$ であるので，(5.10) から $\boldsymbol{a}_1, \boldsymbol{a}_2, \boldsymbol{a}_3$ は1次独立

である．また $\boldsymbol{R}^3$ の任意のベクトル $\boldsymbol{k} = \begin{pmatrix} k_1 \\ k_2 \\ k_3 \end{pmatrix}$ は

$$\boldsymbol{k} = k_1\boldsymbol{a}_1 + (k_2 - k_1)\boldsymbol{a}_2 + (k_3 - k_2)\boldsymbol{a}_3$$

と表せるので，$\boldsymbol{R}^3 = \langle \boldsymbol{a}_1, \boldsymbol{a}_2, \boldsymbol{a}_3 \rangle$．したがって $\{\boldsymbol{a}_1, \boldsymbol{a}_2, \boldsymbol{a}_3\}$ は $\boldsymbol{R}^3$ の基底である． ▮

基底の選び方は何通りもあるが，次の定理でみるように，基底を構成するベクトルの個数は一定である．

> **定理 5.4** $\{\boldsymbol{a}_1, \cdots, \boldsymbol{a}_r\}$ および $\{\boldsymbol{b}_1, \cdots, \boldsymbol{b}_s\}$ を $\boldsymbol{R}^n$ の部分空間 V の基底とすると，$r = s$ である．

証明 $\boldsymbol{b}_1, \cdots, \boldsymbol{b}_s \in V = \langle \boldsymbol{a}_1, \cdots, \boldsymbol{a}_r \rangle$ で $\boldsymbol{b}_1, \cdots, \boldsymbol{b}_s$ は1次独立であるので，定理5.2より $s \leqq r$ である．$\{\boldsymbol{a}_1, \cdots, \boldsymbol{a}_r\}$ と $\{\boldsymbol{b}_1, \cdots, \boldsymbol{b}_s\}$ を取り替えて考えれば，全く同様に $r \leqq s$ がいえるので，$r = s$ である． ▮

▮ 基底の補充と存在 ▮ 次の定理に述べる内容を**基底の補充**という．

> **定理 5.5** V を $\boldsymbol{R}^n$ の部分空間とする．$\boldsymbol{a}_1, \boldsymbol{a}_2, \cdots, \boldsymbol{a}_r$ を V に含まれる1次独立なベクトルとするとき，V のある有限個のベクトル $\boldsymbol{a}_{r+1}, \boldsymbol{a}_{r+2}, \cdots, \boldsymbol{a}_{r+s}$ を必要ならばつけ加えて
>
> $$\{\boldsymbol{a}_1, \boldsymbol{a}_2, \cdots, \boldsymbol{a}_r, \boldsymbol{a}_{r+1}, \cdots, \boldsymbol{a}_{r+s}\}$$
>
> が V の基底となるようにできる．

証明 $\langle \boldsymbol{a}_1, \cdots, \boldsymbol{a}_r \rangle = V$ のときは，$\boldsymbol{a}_1, \cdots, \boldsymbol{a}_r$ は V の基底をなす．

$\langle \boldsymbol{a}_1, \cdots, \boldsymbol{a}_r \rangle \neq V$ とすると，$\boldsymbol{a}_{r+1} \notin \langle \boldsymbol{a}_1, \cdots, \boldsymbol{a}_r \rangle$ であるような $\boldsymbol{a}_{r+1} \in V$ がとれる．このとき定理5.1より $\boldsymbol{a}_1, \cdots, \boldsymbol{a}_r, \boldsymbol{a}_{r+1}$ は1次独立である．もし $\langle \boldsymbol{a}_1, \cdots, \boldsymbol{a}_r, \boldsymbol{a}_{r+1} \rangle \neq V$ ならば同じ操作を行い，$\boldsymbol{a}_1, \cdots, \boldsymbol{a}_r, \boldsymbol{a}_{r+1}, \boldsymbol{a}_{r+2}$ が1次独立となる V のベクトル $\boldsymbol{a}_{r+2}$ がとれる．

系5.3より V に含まれる1次独立なベクトルの個数は n を越えることはないので，この操作を有限回繰り返せば，$V = \langle \boldsymbol{a}_1, \cdots, \boldsymbol{a}_r, \boldsymbol{a}_{r+1}, \cdots, \boldsymbol{a}_{r+s} \rangle$ となる1次独立なベクトル $\boldsymbol{a}_1, \cdots, \boldsymbol{a}_r, \boldsymbol{a}_{r+1}, \cdots, \boldsymbol{a}_{r+s}$ がとれ，これらが V の基底をなす． ▮

$V \neq \{\boldsymbol{o}\}$ のとき，V の $\boldsymbol{o}$ でないベクトル $\boldsymbol{a}_1$ を1つ選び，$r=1$ として定理5.5を適用することにより次の系を得る．

> **系 5.6**　$\boldsymbol{R}^n$ の部分空間 V $(\neq \{\boldsymbol{o}\})$ には基底が存在する．

次　元　$\boldsymbol{R}^n$ の部分空間 V $(\neq \{\boldsymbol{o}\})$ の基底を構成するベクトルの個数を V の**次元**といい，$\dim V$ で表す．零空間 $\{\boldsymbol{o}\}$ に対しては $\dim \{\boldsymbol{o}\} = 0$ と定義する．

例 5.10　n 次基本列ベクトル $\boldsymbol{e}_1, \boldsymbol{e}_2, \cdots, \boldsymbol{e}_n$ は $\boldsymbol{R}^n$ の基底をなすので

$$\dim \boldsymbol{R}^n = n$$

である．

> **系 5.7**　V, W を $\boldsymbol{R}^n$ の部分空間で $W \subset V$ とする．このとき $\dim W \leqq \dim V$ であり，等号は $W = V$ のときに限り成り立つ．

証明　W の基底を $\{\boldsymbol{a}_1, \cdots, \boldsymbol{a}_r\}$ とする．定理5.5から V の有限個のベクトル $\boldsymbol{a}_{r+1}, \cdots, \boldsymbol{a}_{r+s}$ をつけ加えて $\{\boldsymbol{a}_1, \cdots, \boldsymbol{a}_r, \boldsymbol{a}_{r+1}, \cdots, \boldsymbol{a}_{r+s}\}$ が V の基底となるようにできる．このとき，$\dim W = r \leqq r+s = \dim V$ である．

$\dim W = \dim V$ のときは，$\{\boldsymbol{a}_1, \cdots, \boldsymbol{a}_r\}$ が V の基底になるので，$V = \langle \boldsymbol{a}_1, \cdots, \boldsymbol{a}_r \rangle = W$ である．

$\boldsymbol{R}^n$ の部分空間 V は基底をなす $(\dim V)$ 個のベクトルで生成されるので，定理5.2から

$$\dim V = V \text{ のベクトルの1次独立なものの最大個数} \qquad (5.12)$$

であることがわかる．部分空間を生成する有限個のベクトルが与えられているときには，さらに次のことがいえる．

> **補題 5.8**　$\boldsymbol{R}^n$ のベクトル $\boldsymbol{a}_1, \boldsymbol{a}_2, \cdots, \boldsymbol{a}_r$ のうちで1次独立なものの最大個数を p とするとき，
>
> $$\dim \langle \boldsymbol{a}_1, \boldsymbol{a}_2, \cdots, \boldsymbol{a}_r \rangle = p$$
>
> である．

証明　必要なら添数をつけかえて，$\boldsymbol{a}_1, \boldsymbol{a}_2, \cdots, \boldsymbol{a}_p$ を1次独立としよう．このとき，各 j $(p+1 \leqq j \leqq r)$ に対して，$p+1$ 個のベクトル $\boldsymbol{a}_j, \boldsymbol{a}_1, \boldsymbol{a}_2, \cdots, \boldsymbol{a}_p$ は1次従属であるので，定理5.1より $\boldsymbol{a}_j \in \langle \boldsymbol{a}_1, \boldsymbol{a}_2, \cdots, \boldsymbol{a}_p \rangle$．したがって，$\boldsymbol{a}_1, \cdots, \boldsymbol{a}_p, \boldsymbol{a}_{p+1}, \cdots, \boldsymbol{a}_r \in \langle \boldsymbol{a}_1, \boldsymbol{a}_2, \cdots, \boldsymbol{a}_p \rangle$ で，(5.4) から $\langle \boldsymbol{a}_1, \cdots, \boldsymbol{a}_p, \cdots, \boldsymbol{a}_r \rangle = \langle \boldsymbol{a}_1, \cdots, \boldsymbol{a}_p \rangle$ がわかる．これより，$\boldsymbol{a}_1, \cdots, \boldsymbol{a}_p$ は $\langle \boldsymbol{a}_1, \cdots, \boldsymbol{a}_p, \cdots, \boldsymbol{a}_r \rangle$ の基底をなすことになるので，$\dim \langle \boldsymbol{a}_1, \cdots, \boldsymbol{a}_r \rangle = p$ である． ■

すでに次元のわかっている部分空間において，基底であることを判定するには条件 (5.11) の中のどちらかをみたせばよいことが次の定理からわかる．

定理 5.9　V を $\boldsymbol{R}^n$ の r 次元の部分空間とし，$\boldsymbol{a}_1, \boldsymbol{a}_2, \cdots, \boldsymbol{a}_r \in V$ とする．このとき，

（1） $\boldsymbol{a}_1, \boldsymbol{a}_2, \cdots, \boldsymbol{a}_r$ が1次独立ならば，$\{\boldsymbol{a}_1, \boldsymbol{a}_2, \cdots, \boldsymbol{a}_r\}$ は V の基底である．

（2） $V = \langle \boldsymbol{a}_1, \boldsymbol{a}_2, \cdots, \boldsymbol{a}_r \rangle$ ならば，$\{\boldsymbol{a}_1, \boldsymbol{a}_2, \cdots, \boldsymbol{a}_r\}$ は V の基底である．

証明　（1） もし $V \neq \langle \boldsymbol{a}_1, \cdots, \boldsymbol{a}_r \rangle$ とすると，$\boldsymbol{b} \notin \langle \boldsymbol{a}_1, \cdots, \boldsymbol{a}_r \rangle$ なる $\boldsymbol{b} \in V$ が存在する．このとき，定理5.1より $\boldsymbol{b}, \boldsymbol{a}_1, \cdots, \boldsymbol{a}_r$ は1次独立となって $\dim V = r$ に反する．したがって，$V = \langle \boldsymbol{a}_1, \cdots, \boldsymbol{a}_r \rangle$ が成り立ち，$\{\boldsymbol{a}_1, \cdots, \boldsymbol{a}_r\}$ は V の基底となる．

（2） 補題5.8より $\boldsymbol{a}_1, \cdots, \boldsymbol{a}_r$ は1次独立でなくてはならないので，$\{\boldsymbol{a}_1, \cdots, \boldsymbol{a}_r\}$ は V の基底となる． ■

この定理と (5.10) の事実から次の実用的な系を得る．

系 5.10　n 次正方行列 A の列ベクトルを $\boldsymbol{a}_1, \cdots, \boldsymbol{a}_n$ とするとき

$$\{\boldsymbol{a}_1, \cdots, \boldsymbol{a}_n\} \text{ が } \boldsymbol{R}^n \text{ の基底} \iff |A| \neq 0.$$

行列の列空間と階数　A を $m \times n$ 行列とし，その列ベクトル表示を $A = (\boldsymbol{a}_1 \quad \boldsymbol{a}_2 \quad \cdots \quad \boldsymbol{a}_n)$ とする．このとき，列ベクトル $\boldsymbol{a}_1, \boldsymbol{a}_2, \cdots, \boldsymbol{a}_n$ の生成する $\boldsymbol{R}^m$ の部分空間 $\langle \boldsymbol{a}_1, \boldsymbol{a}_2, \cdots, \boldsymbol{a}_n \rangle$ を行列 A の**列空間**という．ここでは，行列の階数と列空間の次元とが等しくなることをみよう．

補題 5.11　P を m 次正則行列とするとき，$\boldsymbol{R}^m$ の r 個のベクトル $\boldsymbol{a}_1, \boldsymbol{a}_2, \cdots, \boldsymbol{a}_r$ について次が成り立つ．

$$P\boldsymbol{a}_1, P\boldsymbol{a}_2, \cdots, P\boldsymbol{a}_r \text{ は 1 次従属 } \Longleftrightarrow \boldsymbol{a}_1, \boldsymbol{a}_2, \cdots, \boldsymbol{a}_r \text{ は 1 次従属}$$

（1 次独立）　　　　　　（1 次独立）

証明　スカラー $k_1, k_2, \cdots, k_r$ に対して

$$\begin{aligned} P^{-1}(k_1P\boldsymbol{a}_1+k_2P\boldsymbol{a}_2+\cdots+k_rP\boldsymbol{a}_r) &= k_1(P^{-1}P\boldsymbol{a}_1)+\cdots+k_r(P^{-1}P\boldsymbol{a}_r) \\ &= k_1\boldsymbol{a}_1+k_2\boldsymbol{a}_2+\cdots+k_r\boldsymbol{a}_r \end{aligned}$$

であるので

$$\begin{aligned} & k_1(P\boldsymbol{a}_1)+k_2(P\boldsymbol{a}_2)+\cdots+k_r(P\boldsymbol{a}_r) = \boldsymbol{o} \\ \Longleftrightarrow\ & P^{-1}(k_1P\boldsymbol{a}_1+k_2P\boldsymbol{a}_2+\cdots+k_rP\boldsymbol{a}_r) = \boldsymbol{o} \\ \Longleftrightarrow\ & k_1\boldsymbol{a}_1+k_2\boldsymbol{a}_2+\cdots+k_r\boldsymbol{a}_r = \boldsymbol{o} \end{aligned}$$

からわかる．■

定理 5.12　$m\times n$ 行列 A の列ベクトル表示を $A = (\boldsymbol{a}_1 \ \ \boldsymbol{a}_2 \ \ \cdots \ \ \boldsymbol{a}_n)$ とするとき，次が成り立つ．

$$\dim \langle \boldsymbol{a}_1, \boldsymbol{a}_2, \cdots, \boldsymbol{a}_n \rangle = \operatorname{rank} A.$$

証明　$\operatorname{rank} A = r$ とする．系 4.5 から，ある m 次正則行列 P により $PA = (P\boldsymbol{a}_1 \ \cdots \ P\boldsymbol{a}_n)$ が階段行列となるようにでき，さらに列の入れ替えにより $\begin{pmatrix} E_r & * \\ O & O \end{pmatrix}$ の形にできる．したがって，$\boldsymbol{e}_i$ $(1 \leqq i \leqq m)$ を m 次基本列ベクトルとしたとき

$$\langle P\boldsymbol{a}_1, \cdots, P\boldsymbol{a}_n \rangle = \langle \boldsymbol{e}_1, \cdots, \boldsymbol{e}_r \rangle$$

がわかる．よって $\dim \langle P\boldsymbol{a}_1, \cdots, P\boldsymbol{a}_n \rangle = \dim \langle \boldsymbol{e}_1, \cdots, \boldsymbol{e}_r \rangle = r$ である．一方，補題 5.8 と補題 5.11 を用いれば $\dim \langle P\boldsymbol{a}_1, \cdots, P\boldsymbol{a}_n \rangle = \dim \langle \boldsymbol{a}_1, \cdots, \boldsymbol{a}_n \rangle$ であるので定理が示されたことになる．■

系 5.13　A を $m\times n$ 行列，P, Q をそれぞれ m 次，n 次の正則行列とするとき

（1）　PA の列空間の次元 $=$ A の列空間の次元

（2）　AQ の列空間 $=$ A の列空間

が成り立つ．とくに $\operatorname{rank} PA = \operatorname{rank} AQ = \operatorname{rank} A$ が成り立つ．

証明　(1)　補題 5.8 と補題 5.11 による．

(2)　任意の $\boldsymbol{x} = (x_i) \in \boldsymbol{R}^n$ に対して $A\boldsymbol{x} = x_1\boldsymbol{a}_1 + \cdots + x_n\boldsymbol{a}_n \in \langle \boldsymbol{a}_1, \cdots, \boldsymbol{a}_n \rangle$ (A の列空間) より，AQ の列空間 $\subset$ A の列空間．また，$A = (AQ)Q^{-1}$ より逆の包含関係もわかる．∎

例題 5.2　次の $\boldsymbol{R}^4$ のベクトル $\boldsymbol{a}_1, \boldsymbol{a}_2, \boldsymbol{a}_3, \boldsymbol{a}_4$ の生成する部分空間 V の次元と 1 組の基底を $\boldsymbol{a}_1, \boldsymbol{a}_2, \boldsymbol{a}_3, \boldsymbol{a}_4$ の中から求め，その基底を用いて残りのベクトルを表せ．

$$\boldsymbol{a}_1 = \begin{pmatrix} 1 \\ -1 \\ -2 \\ 1 \end{pmatrix}, \quad \boldsymbol{a}_2 = \begin{pmatrix} 2 \\ -1 \\ -2 \\ -1 \end{pmatrix}, \quad \boldsymbol{a}_3 = \begin{pmatrix} 1 \\ -3 \\ -6 \\ 7 \end{pmatrix}, \quad \boldsymbol{a}_4 = \begin{pmatrix} -1 \\ 2 \\ 5 \\ -4 \end{pmatrix}$$

解　まず行基本変形を行い，行列 $A = (\boldsymbol{a}_1 \quad \boldsymbol{a}_2 \quad \boldsymbol{a}_3 \quad \boldsymbol{a}_4)$ の階数を求めよう．

$$\begin{pmatrix} 1 & 2 & 1 & -1 \\ -1 & -1 & -3 & 2 \\ -2 & -2 & -6 & 5 \\ 1 & -1 & 7 & -4 \end{pmatrix} \xrightarrow[\substack{②+①\times 1 \\ ③+①\times 2 \\ ④+①\times(-1)}]{} \begin{pmatrix} 1 & 2 & 1 & -1 \\ 0 & 1 & -2 & 1 \\ 0 & 2 & -4 & 3 \\ 0 & -3 & 6 & -3 \end{pmatrix} \xrightarrow[\substack{①+②\times(-2) \\ ③+②\times(-2) \\ ④+②\times 3}]{}$$

$$\begin{pmatrix} 1 & 0 & 5 & -3 \\ 0 & 1 & -2 & 1 \\ 0 & 0 & 0 & 1 \\ 0 & 0 & 0 & 0 \end{pmatrix} \xrightarrow[\substack{①+③\times 3 \\ ②+③\times(-1)}]{} \begin{pmatrix} 1 & 0 & 5 & 0 \\ 0 & 1 & -2 & 0 \\ 0 & 0 & 0 & 1 \\ 0 & 0 & 0 & 0 \end{pmatrix}$$

これより $\dim \langle \boldsymbol{a}_1, \boldsymbol{a}_2, \boldsymbol{a}_3, \boldsymbol{a}_4 \rangle = \operatorname{rank} A = 3$ である．ここで用いた行基本変形に対応する基本行列の積を P としたとき，最後の行列は $PA = (P\boldsymbol{a}_1 \quad P\boldsymbol{a}_2 \quad P\boldsymbol{a}_3 \quad P\boldsymbol{a}_4)$ であるが，$P\boldsymbol{a}_1 = \boldsymbol{e}_1$，$P\boldsymbol{a}_2 = \boldsymbol{e}_2$，$P\boldsymbol{a}_4 = \boldsymbol{e}_3$ は明らかに 1 次独立．補題 5.11 より $\boldsymbol{a}_1, \boldsymbol{a}_2, \boldsymbol{a}_4$ も 1 次独立で，$\dim V = 3$ であるので，$\{\boldsymbol{a}_1, \boldsymbol{a}_2, \boldsymbol{a}_4\}$ は V の基底になる．

また，最後の行列から $P\boldsymbol{a}_3 = 5P\boldsymbol{a}_1 - 2P\boldsymbol{a}_2$ であるので，P^{-1} を両辺に左からかけて $\boldsymbol{a}_3 = 5\boldsymbol{a}_1 - 2\boldsymbol{a}_2$ を得る．∎

共通空間と和空間＊　V, W を $\boldsymbol{R}^n$ の部分空間とするとき

$$V \cap W = \{\boldsymbol{a} \mid \boldsymbol{a} \in V \text{ かつ } \boldsymbol{a} \in W\},$$
$$V + W = \{\boldsymbol{v} + \boldsymbol{w} \mid \boldsymbol{v} \in V,\ \ \boldsymbol{w} \in W\}$$

は $\boldsymbol{R}^n$ の部分空間になることが容易にわかる．それぞれを V と W の**共通空間**，**和空間**という．

とくに $U = V + W$ の任意のベクトル $\boldsymbol{a}$ に対して $\boldsymbol{a} = \boldsymbol{v} + \boldsymbol{w}$（$\boldsymbol{v} \in V$，$\boldsymbol{w} \in W$）の表し方が一意的であるとき，$U$ を V と W の**直和**といい，

$$U = V \oplus W$$

と表す．また，このとき W を U における V の**補空間**という．

> **定理 5.14**　V, W を $\boldsymbol{R}^n$ の部分空間とするとき
>
> $$U = V \oplus W \iff U = V + W \text{ かつ } V \cap W = \{\boldsymbol{o}\}.$$
>
> さらにこのとき
>
> $$\dim U = \dim V + \dim W.$$

証明　$\Longrightarrow$：$U = V + W$ は明らか．$\boldsymbol{a} \in V \cap W$ とすると，$\boldsymbol{a} = \boldsymbol{o} + \boldsymbol{a} = \boldsymbol{a} + \boldsymbol{o} \in V + W$ と表せるので一意性から $\boldsymbol{a} = \boldsymbol{o}$．したがって，$V \cap W = \{\boldsymbol{o}\}$．

$\Longleftarrow$：U のベクトル $\boldsymbol{a} = \boldsymbol{v}_1 + \boldsymbol{w}_1 = \boldsymbol{v}_2 + \boldsymbol{w}_2$（$\boldsymbol{v}_1, \boldsymbol{v}_2 \in V$，$\boldsymbol{w}_1, \boldsymbol{w}_2 \in W$）と表せたとすると，

$$\boldsymbol{v}_1 - \boldsymbol{v}_2 = \boldsymbol{w}_2 - \boldsymbol{w}_1 \in V \cap W = \{\boldsymbol{o}\}$$

より $\boldsymbol{v}_1 = \boldsymbol{v}_2$，$\boldsymbol{w}_1 = \boldsymbol{w}_2$ となって一意的に表せることがわかる．

後半について，V の基底を $\{\boldsymbol{v}_1, \cdots, \boldsymbol{v}_r\}$，$W$ の基底を $\{\boldsymbol{w}_1, \cdots, \boldsymbol{w}_s\}$ とするときに，$\{\boldsymbol{v}_1, \cdots, \boldsymbol{v}_r, \boldsymbol{w}_1, \cdots, \boldsymbol{w}_s\}$ が U の基底になることを示せば十分である．まず

$$U = V + W = \langle \boldsymbol{v}_1, \cdots, \boldsymbol{v}_r \rangle + \langle \boldsymbol{w}_1, \cdots, \boldsymbol{w}_s \rangle = \langle \boldsymbol{v}_1, \cdots, \boldsymbol{v}_r, \boldsymbol{w}_1, \cdots, \boldsymbol{w}_s \rangle$$

である．次に

$$k_1 \boldsymbol{v}_1 + \cdots + k_r \boldsymbol{v}_r + l_1 \boldsymbol{w}_1 + \cdots + l_s \boldsymbol{w}_s = \boldsymbol{o}$$

とすると，$k_1 \boldsymbol{v}_1 + \cdots + k_r \boldsymbol{v}_r = -l_1 \boldsymbol{w}_1 - \cdots - l_s \boldsymbol{w}_s \in V \cap W = \{\boldsymbol{o}\}$．$\boldsymbol{v}_1, \cdots, \boldsymbol{v}_r$ および $\boldsymbol{w}_1, \cdots, \boldsymbol{w}_s$ はそれぞれ1次独立であるので $k_1 = \cdots = k_r = 0$，$l_1 = \cdots = l_s = 0$ となり，定理は示されたことになる．■

例 5.11　$\boldsymbol{R}^3$ において，$V = \langle \boldsymbol{e}_1, \boldsymbol{e}_2 \rangle$，$W = \langle \boldsymbol{e}_3 \rangle$ とするとき，$V + W = \langle \boldsymbol{e}_1, \boldsymbol{e}_2, \boldsymbol{e}_3 \rangle = \boldsymbol{R}^3$，$V \cap W = \{\boldsymbol{o}\}$ より $\boldsymbol{R}^3 = V \oplus W$．一方，$\boldsymbol{e}_1 + \boldsymbol{e}_3 \notin V \cup W$ であるので $V \cup W$ は一般に部分空間にはならない．■

定理 5.15 $\boldsymbol{R}^n$ の部分空間 U, V が $V \subset U$ のとき，

$$U = V \oplus W$$

となる部分空間 W，すなわち U における V の補空間が存在する．

証明 定理 5.5 により V の基底 $\{\boldsymbol{a}_1, \cdots, \boldsymbol{a}_r\}$ を補充して $\{\boldsymbol{a}_1, \cdots, \boldsymbol{a}_r, \boldsymbol{a}_{r+1}, \cdots, \boldsymbol{a}_{r+s}\}$ が U の基底になるようにできる．$W = \langle \boldsymbol{a}_{r+1}, \cdots, \boldsymbol{a}_{r+s} \rangle$ とおくと，$U = V + W$ であり，U のベクトルの基底による表し方の一意性から $U = V \oplus W$ である． ■

定理 5.16（次元定理） $\boldsymbol{R}^n$ の部分空間 V, W に対して

$$\dim(V+W) = \dim V + \dim W - \dim(V \cap W).$$

証明 定理 5.15 より $V = (V \cap W) \oplus V_1$ をみたす $\boldsymbol{R}^n$ の部分空間 V_1 が存在し，$\dim V_1 = \dim V - \dim(V \cap W)$ である．以下 $V + W = V_1 \oplus W$ を示せば，定理 5.14 から求める結果が証明される．

まず $\boldsymbol{v} \in V$，$\boldsymbol{w} \in W$ に対して，$\boldsymbol{v} = \boldsymbol{v}_0 + \boldsymbol{v}_1$ $(\boldsymbol{v}_0 \in V \cap W,\ \boldsymbol{v}_1 \in V_1)$ と書けるので $\boldsymbol{v} + \boldsymbol{w} = \boldsymbol{v}_1 + (\boldsymbol{v}_0 + \boldsymbol{w}) \in V_1 + W$ である．したがって，$V + W = V_1 + W$．次に $V_1 \cap W = (V_1 \cap V) \cap W = V_1 \cap (V \cap W) = \{\boldsymbol{o}\}$ より $V + W = V_1 \oplus W$． ■

例題 5.3 $\boldsymbol{R}^3$ のベクトル $\boldsymbol{a}_1 = \begin{pmatrix} 1 \\ 0 \\ 1 \end{pmatrix}$，$\boldsymbol{a}_2 = \begin{pmatrix} 2 \\ 1 \\ 3 \end{pmatrix}$，$\boldsymbol{a}_3 = \begin{pmatrix} 1 \\ 1 \\ 1 \end{pmatrix}$，$\boldsymbol{a}_4 = \begin{pmatrix} 3 \\ 2 \\ 1 \end{pmatrix}$ に対して $V = \langle \boldsymbol{a}_1, \boldsymbol{a}_2 \rangle$，$W = \langle \boldsymbol{a}_3, \boldsymbol{a}_4 \rangle$ とする．このとき $\dim(V+W)$ と $\dim(V \cap W)$ を求めよ．

解 行列式 $|\boldsymbol{a}_1 \quad \boldsymbol{a}_2 \quad \boldsymbol{a}_3| = \begin{vmatrix} 1 & 2 & 1 \\ 0 & 1 & 1 \\ 1 & 3 & 1 \end{vmatrix} = -1 \neq 0$ より $\boldsymbol{a}_1, \boldsymbol{a}_2, \boldsymbol{a}_3$ は 1 次独立なので，$\dim(V+W) = \dim(\langle \boldsymbol{a}_1, \boldsymbol{a}_2, \boldsymbol{a}_3, \boldsymbol{a}_4 \rangle) \geqq 3$ であるが，$V + W \subset \boldsymbol{R}^3$，$\dim \boldsymbol{R}^3 = 3$ より $\dim(V+W) = 3$．次に $\boldsymbol{a}_1, \boldsymbol{a}_2$ および $\boldsymbol{a}_3, \boldsymbol{a}_4$ はそれぞれ 1 次独立であるので，$\dim V = \dim W = 2$．次元定理より $\dim(V \cap W) = \dim V + \dim W - \dim(V+W) = 1$ である．

参考のため，明らかに $V+W=\boldsymbol{R}^3$ であるが，$V\cap W$ も求めてみよう．

$\boldsymbol{x}\in V\cap W$ とすると，$\boldsymbol{x}=k_1\boldsymbol{a}_1+k_2\boldsymbol{a}_2=k_3\boldsymbol{a}_3+k_4\boldsymbol{a}_4$ と表されるので，k_1, k_2, k_3, k_4 に関する連立 1 次方程式 $k_1\boldsymbol{a}_1+k_2\boldsymbol{a}_2-k_3\boldsymbol{a}_3-k_4\boldsymbol{a}_4=\boldsymbol{o}$ を解くことになる．

はき出し法などにより $k_1=3t$，$k_2=-2t$，$k_3=-4t$，$k_4=t$（t は任意）と解が得られる．このとき，

$$\boldsymbol{x}=3t\begin{pmatrix}1\\0\\1\end{pmatrix}-2t\begin{pmatrix}2\\1\\3\end{pmatrix}=-4t\begin{pmatrix}1\\1\\1\end{pmatrix}+t\begin{pmatrix}3\\2\\1\end{pmatrix}=\begin{pmatrix}-t\\-2t\\-3t\end{pmatrix}$$

であるので，$V\cap W=\left\langle\begin{pmatrix}1\\2\\3\end{pmatrix}\right\rangle$ である． ▒

問　題

5.8 $\boldsymbol{R}^3$ または $\boldsymbol{R}^4$ の次の部分空間の次元と 1 組の基底を求めよ．

（1）$\left\{\begin{pmatrix}x_1\\x_2\\x_3\end{pmatrix}\middle|\, x_1=3x_3\right\}$　（2）$\left\{\begin{pmatrix}x_1\\x_2\\x_3\end{pmatrix}\middle|\, 2x_1-x_2+5x_3=0\right\}$

（3）$\left\{\begin{pmatrix}x_1\\x_2\\x_3\\x_4\end{pmatrix}\middle|\, x_1+x_2+x_3=3x_2+2x_3+x_4=0\right\}$

（4）$\left\{\begin{pmatrix}x_1\\x_2\\x_3\end{pmatrix}\middle|\, \begin{pmatrix}1&1&0\\0&2&1\\1&0&3\end{pmatrix}\begin{pmatrix}x_1\\x_2\\x_3\end{pmatrix}\in\left\langle\begin{pmatrix}1\\1\\1\end{pmatrix}\right\rangle\right\}$

5.9 $\boldsymbol{a}_1=\begin{pmatrix}1\\1\\0\end{pmatrix}$，$\boldsymbol{a}_2=\begin{pmatrix}2\\3\\1\end{pmatrix}$，$\boldsymbol{a}_3=\begin{pmatrix}3\\1\\-1\end{pmatrix}$ が $\boldsymbol{R}^3$ の基底をなすことを，基底の定義 (5.11) により示せ．

5.10 次のベクトルの生成する部分空間の基底をそのベクトルの中から選び，残りのベクトルをその基底を用いて表せ．

（1） $\boldsymbol{a}_1 = \begin{pmatrix} 1 \\ 3 \\ -2 \end{pmatrix}$, $\boldsymbol{a}_2 = \begin{pmatrix} 2 \\ 1 \\ -3 \end{pmatrix}$, $\boldsymbol{a}_3 = \begin{pmatrix} -4 \\ 3 \\ 5 \end{pmatrix}$

（2） $\boldsymbol{a}_1 = \begin{pmatrix} 1 \\ -1 \\ 2 \end{pmatrix}$, $\boldsymbol{a}_2 = \begin{pmatrix} 2 \\ 0 \\ -1 \end{pmatrix}$, $\boldsymbol{a}_3 = \begin{pmatrix} -1 \\ 3 \\ -7 \end{pmatrix}$, $\boldsymbol{a}_4 = \begin{pmatrix} 1 \\ 2 \\ 2 \end{pmatrix}$, $\boldsymbol{a}_5 = \begin{pmatrix} 6 \\ -7 \\ -8 \end{pmatrix}$

5.11 $\boldsymbol{R}^3$ の次のベクトルの生成する部分空間の次元が 2 となるように a の値を定めよ．

$$\boldsymbol{a}_1 = \begin{pmatrix} 1 \\ 3 \\ a \end{pmatrix}, \quad \boldsymbol{a}_2 = \begin{pmatrix} 2 \\ 5 \\ 1 \end{pmatrix}, \quad \boldsymbol{a}_3 = \begin{pmatrix} 1 \\ 2a \\ 5 \end{pmatrix}, \quad \boldsymbol{a}_4 = \begin{pmatrix} 1 \\ 5 \\ 4a \end{pmatrix}$$

5.12 $\boldsymbol{R}^n$ のベクトル $\boldsymbol{a}_1, \boldsymbol{a}_2$ が 1 次独立のとき，$\boldsymbol{a}_1, \boldsymbol{a}_2$ を第 1，第 2 列にもつ n 次正則行列があることを示せ（$n \geqq 3$）．また，$\begin{pmatrix} 1 \\ 2 \\ 3 \\ 1 \end{pmatrix}$, $\begin{pmatrix} 3 \\ -4 \\ -6 \\ -2 \end{pmatrix}$ を第 1，第 2 列にもつ 4 次正則行列を 1 つ求めよ．

5.13 $\boldsymbol{R}^3$ のベクトル $\boldsymbol{a}_1 = \begin{pmatrix} 2 \\ 0 \\ 3 \end{pmatrix}$, $\boldsymbol{a}_2 = \begin{pmatrix} 1 \\ 2 \\ 1 \end{pmatrix}$, $\boldsymbol{a}_3 = \begin{pmatrix} 1 \\ 4 \\ 3 \end{pmatrix}$, $\boldsymbol{a}_4 = \begin{pmatrix} 3 \\ 5 \\ 7 \end{pmatrix}$ に対して $V = \langle \boldsymbol{a}_1, \boldsymbol{a}_2 \rangle$，$W = \langle \boldsymbol{a}_3, \boldsymbol{a}_4 \rangle$ とする．このとき，$V \cap W$ および $V + W$ の次元と 1 組の基底をそれぞれ求めよ．

5.14 定理 5.12 を用いて，$m \times n$ 行列 A, B に対して次を示せ．

$$\mathrm{rank}\,(A+B) \leqq \mathrm{rank}\,A + \mathrm{rank}\,B$$

5.15 $m \times n$ 行列 A，$n \times p$ 行列 B に対して次を示せ．

（1） $\mathrm{rank}\,(AB) \leqq \mathrm{rank}\,A$　　（2） $\mathrm{rank}\,(AB) \leqq \mathrm{rank}\,B$

補足　一般のベクトル空間*

本書ではベクトルとして数ベクトルを取り扱っているが，自然な演算則の成り立つような和とスカラー倍が定義できる対象であれば，数ベクトル空間の理論をたどり，同様の理論をその対象において展開することができる．

ベクトル空間の定義　空でない集合 V において，2 つの演算

（和）　任意の 2 元 $\boldsymbol{a}, \boldsymbol{b} \in V$ に対して $\boldsymbol{a} + \boldsymbol{b} \in V$

（スカラー倍）　任意のスカラー k と任意の $\boldsymbol{a} \in V$ に対して $k\boldsymbol{a} \in V$

が定められ，これらの演算が次の(1)から(8)の8条件をみたすとき V を**ベクトル空間**といい，V の元を**ベクトル**という．(以下で，$\boldsymbol{a}, \boldsymbol{b}, \boldsymbol{c}$ は V の任意の元，k, l は任意のスカラー)

（1） $(\boldsymbol{a}+\boldsymbol{b})+\boldsymbol{c} = \boldsymbol{a}+(\boldsymbol{b}+\boldsymbol{c})$

（2） $\boldsymbol{a}+\boldsymbol{b} = \boldsymbol{b}+\boldsymbol{a}$

（3） V のある元 $\boldsymbol{o}$ が存在して，すべての $\boldsymbol{a} \in V$ に対して

$$\boldsymbol{a}+\boldsymbol{o} = \boldsymbol{a}$$

（4） V の各元 $\boldsymbol{a}$ に対して，ある元 $\boldsymbol{a}' \in V$ が定まり

$$\boldsymbol{a}+\boldsymbol{a}' = \boldsymbol{o}$$

（5） $k(\boldsymbol{a}+\boldsymbol{b}) = k\boldsymbol{a}+k\boldsymbol{b}$

（6） $(k+l)\boldsymbol{a} = k\boldsymbol{a}+l\boldsymbol{a}$

（7） $(kl)\boldsymbol{a} = k(l\boldsymbol{a})$

（8） $1\boldsymbol{a} = \boldsymbol{a}.$

注意 5.4 任意の $\boldsymbol{a} \in V$ に対して，(4)の $\boldsymbol{a}'$ を用いて

$$\boldsymbol{o} = \boldsymbol{a}+\boldsymbol{a}' = (0+1)\boldsymbol{a}+\boldsymbol{a}' = 0\boldsymbol{a}+\boldsymbol{a}+\boldsymbol{a}' = 0\boldsymbol{a}+\boldsymbol{o} = 0\boldsymbol{a}$$

より $0\boldsymbol{a} = \boldsymbol{o}$ である．また

$$\boldsymbol{a}' = \boldsymbol{o}+\boldsymbol{a}' = 0\boldsymbol{a}+\boldsymbol{a}' = (-1+1)\boldsymbol{a}+\boldsymbol{a}' = (-1)\boldsymbol{a}+\boldsymbol{a}+\boldsymbol{a}' = (-1)\boldsymbol{a}$$

より $(-1)\boldsymbol{a} = \boldsymbol{a}'$ であり，$\boldsymbol{a}'$ は $-\boldsymbol{a}$ で表される．

ベクトル空間の例　ベクトル空間をなす代表的な例をいくつかあげておこう．

例 5.12 $m \times n$ 実行列全体の集合 $M(m, n)$ は，行列の通常の和とスカラー倍により，その基本的性質からベクトル空間になる．

$M(n, 1)$ が n 次元数ベクトル空間 $\boldsymbol{R}^n$ である．

例 5.13 無限実数列 $\{a_n\}$ 全体の集合 U において，和とスカラー倍を

$$\{a_n\}+\{b_n\} = \{a_n+b_n\}, \quad k\{a_n\} = \{ka_n\}$$

により定義すれば，U はベクトル空間になることがわかる．

例 5.14 集合 S 上で定義された実数値関数全体の集合を $F(S, \boldsymbol{R})$ とする．$f, g \in F(S, \boldsymbol{R})$ と $k \in \boldsymbol{R}$ に対して，和 $f+g$ およびスカラー倍 kf を

$$(f+g)(x) = f(x)+g(x), \quad (kf)(x) = kf(x) \qquad (x \in S)$$

により定めれば $f+g, kf$ も $F(S, \boldsymbol{R})$ の元であり，これにより $F(S, \boldsymbol{R})$ はベクトル空間になる．

とくに S として自然数全体の集合 $\boldsymbol{N}$ をとり，無限実数列を $\boldsymbol{N}$ 上の実数値関数とみなせば，$F(\boldsymbol{N}, \boldsymbol{R})$ は例 5.13 の U である．また S を有限集合 $I = \{1, 2, \cdots, n\}$ とすれば，$F(I, \boldsymbol{R})$ を n 次元数ベクトル空間とみなすこともできる． ▮

例 5.15 一般のベクトル空間においても $\boldsymbol{R}^n$ のときと同じように，部分空間 V を (5.1) により定義すれば，V もベクトル空間になる．

たとえば例 5.13 の U において，漸化式

$$a_{n+2} = pa_{n+1}+qa_n$$

をみたす $\{a_n\}$ 全体の集合は部分空間であり，ベクトル空間になる．また同じく $F(\boldsymbol{R}, \boldsymbol{R})$ において，定数係数常微分方程式

$$y''+py'+qy = 0$$

をみたす 2 回微分可能な関数全体の集合は部分空間であり，ベクトル空間になる． ▮

6

線形写像

6.1 線形写像

2つの数ベクトル空間の間の写像をここでは考えよう．数ベクトル空間においては，ベクトルの和とスカラー倍をとる2つの演算が本質的なものであるので，これらの演算を保存するような写像を対象にする．

線形写像の定義　数ベクトル空間 $\boldsymbol{R}^n$ から $\boldsymbol{R}^m$ への写像 f が次の2条件(1),(2)をみたすとき，**線形写像**であるという．

$$
\begin{aligned}
&(1)\quad f(\boldsymbol{a}+\boldsymbol{b}) = f(\boldsymbol{a})+f(\boldsymbol{b}) \quad (\boldsymbol{a}, \boldsymbol{b} \in \boldsymbol{R}^n),\\
&(2)\quad f(k\boldsymbol{a}) = kf(\boldsymbol{a}) \qquad\qquad (k \in \boldsymbol{R},\ \boldsymbol{a} \in \boldsymbol{R}^n).
\end{aligned}
\tag{6.1}
$$

とくに $n = m$ のとき，線形写像 $f : \boldsymbol{R}^n \to \boldsymbol{R}^n$ を $\boldsymbol{R}^n$ 上の**1次変換**という．

注意 6.1　上の条件(2)において，$k = 0$ とおいて得られるように $f(\boldsymbol{o}) = \boldsymbol{o}$ である．すなわち線形写像 f は零ベクトルを零ベクトルにうつす．

例 6.1　$\boldsymbol{R}^2$ から $\boldsymbol{R}^2$ への写像 f を $f\left(\begin{pmatrix} x_1 \\ x_2 \end{pmatrix}\right) = \begin{pmatrix} -x_2 \\ x_1 \end{pmatrix}$ で定めるとき，任意の $\boldsymbol{R}^2$ のベクトル $\boldsymbol{x} = \begin{pmatrix} x_1 \\ x_2 \end{pmatrix}$，$\boldsymbol{y} = \begin{pmatrix} y_1 \\ y_2 \end{pmatrix}$ とスカラー k に対して

$$
\begin{aligned}
f(\boldsymbol{x}+\boldsymbol{y}) &= f\left(\begin{pmatrix} x_1+y_1 \\ x_2+y_2 \end{pmatrix}\right) = \begin{pmatrix} -x_2-y_2 \\ x_1+y_1 \end{pmatrix} = \begin{pmatrix} -x_2 \\ x_1 \end{pmatrix} + \begin{pmatrix} -y_2 \\ y_1 \end{pmatrix}\\
&= f(\boldsymbol{x})+f(\boldsymbol{y}),\\
f(k\boldsymbol{x}) &= f\left(\begin{pmatrix} kx_1 \\ kx_2 \end{pmatrix}\right) = \begin{pmatrix} -kx_2 \\ kx_1 \end{pmatrix} = k\begin{pmatrix} -x_2 \\ x_1 \end{pmatrix} = kf(\boldsymbol{x})
\end{aligned}
$$

が成り立つので，f は $\boldsymbol{R}^2$ から $\boldsymbol{R}^2$ への線形写像，すなわち $\boldsymbol{R}^2$ 上の1次変換である． ■

例6.2 $\boldsymbol{R}^2$ から $\boldsymbol{R}^2$ への写像 f と g を $f\left(\begin{pmatrix} x_1 \\ x_2 \end{pmatrix}\right) = \begin{pmatrix} x_1+1 \\ x_2+2 \end{pmatrix}$，$g\left(\begin{pmatrix} x_1 \\ x_2 \end{pmatrix}\right) = \begin{pmatrix} x_1x_2 \\ x_1+x_2 \end{pmatrix}$ と定める．このとき，$f(\boldsymbol{o}) = \begin{pmatrix} 1 \\ 2 \end{pmatrix} \neq \boldsymbol{o}$ より f は線形写像でない．g については $\boldsymbol{a} = \begin{pmatrix} 1 \\ 1 \end{pmatrix}$ としたとき，$g(\boldsymbol{a}) = \begin{pmatrix} 1 \\ 2 \end{pmatrix}$，$g(2\boldsymbol{a}) = \begin{pmatrix} 4 \\ 4 \end{pmatrix}$ より $g(2\boldsymbol{a}) \neq 2g(\boldsymbol{a})$．したがって，(6.1) の条件 (2) をみたさないので g も線形写像でない． ■

f を $\boldsymbol{R}^n$ から $\boldsymbol{R}^m$ への線形写像とする．$\boldsymbol{R}^n$ のベクトル $\boldsymbol{a}_1, \boldsymbol{a}_2, \cdots, \boldsymbol{a}_r$ の1次結合 $k_1\boldsymbol{a}_1 + k_2\boldsymbol{a}_2 + \cdots + k_r\boldsymbol{a}_r$ $(k_i \in \boldsymbol{R})$ を f でうつすと，(6.1) の2条件を順次用いることにより

$$f(k_1\boldsymbol{a}_1 + k_2\boldsymbol{a}_2 + \cdots + k_r\boldsymbol{a}_r) = k_1f(\boldsymbol{a}_1) + k_2f(\boldsymbol{a}_2) + \cdots + k_rf(\boldsymbol{a}_r) \quad (6.2)$$

となることがわかる．このことから

$$f(\langle \boldsymbol{a}_1, \boldsymbol{a}_2, \cdots, \boldsymbol{a}_r \rangle) = \langle f(\boldsymbol{a}_1), f(\boldsymbol{a}_2), \cdots, f(\boldsymbol{a}_r) \rangle \quad (6.3)$$

であることもわかる．

例題6.1 $f : \boldsymbol{R}^3 \to \boldsymbol{R}^2$ を線形写像とする．f が $\boldsymbol{R}^3$ のベクトル $\boldsymbol{a}_1 = \begin{pmatrix} 1 \\ -2 \\ 3 \end{pmatrix}$，$\boldsymbol{a}_2 = \begin{pmatrix} 0 \\ 1 \\ 0 \end{pmatrix}$，$\boldsymbol{a}_3 = \begin{pmatrix} -2 \\ 3 \\ -5 \end{pmatrix}$ をそれぞれ $\begin{pmatrix} 1 \\ 0 \end{pmatrix}, \begin{pmatrix} 0 \\ 1 \end{pmatrix}, \begin{pmatrix} 1 \\ 1 \end{pmatrix}$ にうつすとするとき，$\boldsymbol{a} = \begin{pmatrix} 1 \\ -5 \\ 4 \end{pmatrix}$ に対して $f(\boldsymbol{a})$ を求めよ．

解 $\boldsymbol{a}$ を $\boldsymbol{a}_1, \boldsymbol{a}_2, \boldsymbol{a}_3$ の1次結合で表すため，$k_1\boldsymbol{a}_1 + k_2\boldsymbol{a}_2 + k_3\boldsymbol{a}_3 = \boldsymbol{a}$ とおく．これを k_1, k_2, k_3 に関する連立1次方程式とみなし，はき出し法などで解くと

$k_1=3$，$k_2=-2$，$k_3=1$ を得るので，$\boldsymbol{a}=3\boldsymbol{a}_1-2\boldsymbol{a}_2+\boldsymbol{a}_3$ である（例 5.4 で用いたベクトルと同じ）．よって

$$f(\boldsymbol{a})=f(3\boldsymbol{a}_1-2\boldsymbol{a}_2+\boldsymbol{a}_3)=3f(\boldsymbol{a}_1)-2f(\boldsymbol{a}_2)+f(\boldsymbol{a}_3)$$
$$=3\begin{pmatrix}1\\0\end{pmatrix}-2\begin{pmatrix}0\\1\end{pmatrix}+\begin{pmatrix}1\\1\end{pmatrix}=\begin{pmatrix}4\\-1\end{pmatrix}.$$ ▮

行列と線形写像の対応 A を $m\times n$ 行列とする．$\boldsymbol{R}^n$ のベクトル $\boldsymbol{x}$ を $\boldsymbol{R}^m$ のベクトル $A\boldsymbol{x}$ にうつす写像を $f_A:\boldsymbol{R}^n\to\boldsymbol{R}^m$ で表す．すなわち

$$f_A(\boldsymbol{x})=A\boldsymbol{x}. \tag{6.4}$$

行列の積に関する基本的性質から，$\boldsymbol{x},\boldsymbol{y}\in\boldsymbol{R}^n$，$k\in\boldsymbol{R}$ に対して

$$f_A(\boldsymbol{x}+\boldsymbol{y})=A(\boldsymbol{x}+\boldsymbol{y})=A\boldsymbol{x}+A\boldsymbol{y}=f_A(\boldsymbol{x})+f_A(\boldsymbol{y}),$$
$$f_A(k\boldsymbol{x})=A(k\boldsymbol{x})=k(A\boldsymbol{x})=kf_A(\boldsymbol{x})$$

が成り立つので，f_A は線形写像である．f_A を**行列 A の定める線形写像**と呼ぶことにする．

これとは逆に，線形写像はすべて (6.4) の形になることを次に述べよう．

定理 6.1 $f:\boldsymbol{R}^n\to\boldsymbol{R}^m$ を線形写像とするとき，$f=f_A$ となる $m\times n$ 行列 A がただ 1 つ存在する．

証明 $\boldsymbol{R}^n$ の基本列ベクトル $\boldsymbol{e}_j$ $(1\leqq j\leqq n)$ を f でうつして

$$f(\boldsymbol{e}_j)=\begin{pmatrix}a_{1j}\\\vdots\\a_{mj}\end{pmatrix}$$

とする．$m\times n$ 行列 A を

$$A=(a_{ij})=(f(\boldsymbol{e}_1)\ \cdots\ f(\boldsymbol{e}_n))$$

と定めると，$\boldsymbol{R}^n$ の任意のベクトル $\boldsymbol{x}=x_1\boldsymbol{e}_1+\cdots+x_n\boldsymbol{e}_n$ に対して

$$f(\boldsymbol{x})=f(x_1\boldsymbol{e}_1+\cdots+x_n\boldsymbol{e}_n)=x_1f(\boldsymbol{e}_1)+\cdots+x_nf(\boldsymbol{e}_n)$$
$$=(f(\boldsymbol{e}_1)\ \cdots\ f(\boldsymbol{e}_n))\begin{pmatrix}x_1\\\vdots\\x_n\end{pmatrix}=A\boldsymbol{x}$$
$$=f_A(\boldsymbol{x}).$$

したがって，$f=f_A$ である．また，$f=f_A$ をみたす A の一意性は

$$f(\boldsymbol{e}_j)=f_A(\boldsymbol{e}_j)=A\boldsymbol{e}_j=A \text{ の第 } j \text{ 列ベクトル } (j=1,\cdots,n)$$

であることからわかる． ▮

定理 6.1 で定まった $f = f_A$ となる行列 A を**線形写像 f の行列**または**表現行列**と呼ぶことにする．

例 6.3 零行列 $O = O_{m \times n}$ の定める $\boldsymbol{R}^n$ から $\boldsymbol{R}^m$ への線形写像 f_O は $\boldsymbol{R}^n$ のすべてのベクトルを零ベクトルにうつす．f_O を**零写像**といい，0 で表す．すなわち

$$0(\boldsymbol{x}) = \boldsymbol{o} \quad (\boldsymbol{x} \in \boldsymbol{R}^n).$$

n 次単位行列 E の定める $\boldsymbol{R}^n$ 上の 1 次変換 f_E を**恒等変換**といい，$1_{\boldsymbol{R}^n}$ または 1 で表す．すなわち

$$1(\boldsymbol{x}) = \boldsymbol{x} \quad (\boldsymbol{x} \in \boldsymbol{R}^n).$$

▮

例 6.4 例 6.1 で与えられた $\boldsymbol{R}^2$ 上の 1 次変換 f について

$$f\left(\begin{pmatrix} x_1 \\ x_2 \end{pmatrix}\right) = \begin{pmatrix} -x_2 \\ x_1 \end{pmatrix} = \begin{pmatrix} 0 & -1 \\ 1 & 0 \end{pmatrix}\begin{pmatrix} x_1 \\ x_2 \end{pmatrix}$$

であるので，$\begin{pmatrix} 0 & -1 \\ 1 & 0 \end{pmatrix}$ が f の表現行列である． ▮

▮ 合成写像と逆変換 ▮ A を $m \times n$ 行列，B を $n \times p$ 行列とする．2 つの線形写像 $f_B : \boldsymbol{R}^p \to \boldsymbol{R}^n$，$f_A : \boldsymbol{R}^n \to \boldsymbol{R}^m$ の合成写像 $f_A \circ f_B : \boldsymbol{R}^p \to \boldsymbol{R}^m$ は，$(f_A \circ f_B)(\boldsymbol{x}) = f_A(f_B(\boldsymbol{x}))$ $(\boldsymbol{x} \in \boldsymbol{R}^p)$ により定義される．$\boldsymbol{R}^p$ の任意のベクトル $\boldsymbol{x}$ に対して

$$f_A(f_B(\boldsymbol{x})) = f_A(B\boldsymbol{x}) = A(B\boldsymbol{x}) = (AB)\boldsymbol{x} = f_{AB}(\boldsymbol{x})$$

であるので，$f_A \circ f_B = f_{AB}$ が成り立つ．すなわち，合成写像 $f_A \circ f_B$ は行列の積 AB の定める線形写像である．

$\boldsymbol{R}^n$ 上の 1 次変換 f について，$\boldsymbol{R}^n$ の任意のベクトル $\boldsymbol{y}$ に対して $f(\boldsymbol{x}) = \boldsymbol{y}$ となる $\boldsymbol{R}^n$ のベクトル $\boldsymbol{x}$ がただ 1 つ存在するとき，f の**逆変換** $f^{-1} : \boldsymbol{R}^n \to \boldsymbol{R}^n$ が $f^{-1}(\boldsymbol{y}) = \boldsymbol{x}$ により定義される．f の表現行列を A とすると，

$$A\boldsymbol{x} = f(\boldsymbol{x}) = \boldsymbol{o}$$

をみたすベクトル $\boldsymbol{x}$ は $\boldsymbol{o}$ のみであるので，定理 4.10 より A は正則である．このとき，$A\boldsymbol{x} = \boldsymbol{y}$ から $A^{-1}\boldsymbol{y} = \boldsymbol{x}$ が導かれるので，A^{-1} の定める $\boldsymbol{R}^n$ 上の 1 次変換 $f_{A^{-1}}$ が $f = f_A$ の逆変換を与えている．

これらのことを次の定理にまとめておこう．

> **定理 6.2** （1） $m\times n$ 行列 A と $n\times p$ 行列 B の定める線形写像 $f_A : \boldsymbol{R}^n \to \boldsymbol{R}^m$，$f_B : \boldsymbol{R}^p \to \boldsymbol{R}^n$ に対して
> $$f_A \circ f_B = f_{AB}.$$
> （2） n 次正方行列 A の定める $\boldsymbol{R}^n$ の 1 次変換 f_A は，A が正則のときに限り逆変換 ${f_A}^{-1}$ をもち，
> $${f_A}^{-1} = f_{A^{-1}}.$$

例 6.5 $\boldsymbol{R}^2$ を xy 平面の点全体と同一視し，$\boldsymbol{R}^2$ 上の 1 次変換である原点のまわりの θ 回転を r_θ とするとき，その表現行列 $R(\theta)$ は，$r_\theta(\boldsymbol{e}_1) = \begin{pmatrix} \cos\theta \\ \sin\theta \end{pmatrix}$，$r_\theta(\boldsymbol{e}_2) = \begin{pmatrix} -\sin\theta \\ \cos\theta \end{pmatrix}$ から $R(\theta) = \begin{pmatrix} \cos\theta & -\sin\theta \\ \sin\theta & \cos\theta \end{pmatrix}$ である．$r_\alpha = f_{R(\alpha)}$ と $r_\theta = f_{R(\theta)}$ の合成写像は $r_\theta \circ r_\alpha = r_{\theta+\alpha}$ であるので，$f_{R(\theta)R(\alpha)} = f_{R(\theta)} \circ f_{R(\alpha)} = f_{R(\theta+\alpha)}$．このことから直接計算によらずに

$$\begin{pmatrix} \cos\theta & -\sin\theta \\ \sin\theta & \cos\theta \end{pmatrix}\begin{pmatrix} \cos\alpha & -\sin\alpha \\ \sin\alpha & \cos\alpha \end{pmatrix} = \begin{pmatrix} \cos(\theta+\alpha) & -\sin(\theta+\alpha) \\ \sin(\theta+\alpha) & \cos(\theta+\alpha) \end{pmatrix}$$

であることがわかる．また，r_θ の逆変換は $r_{-\theta}$ であるので，$f_{R(\theta)^{-1}} = {f_{R(\theta)}}^{-1} = f_{R(-\theta)}$．このことからも

$$\begin{pmatrix} \cos\theta & -\sin\theta \\ \sin\theta & \cos\theta \end{pmatrix}^{-1} = \begin{pmatrix} \cos(-\theta) & -\sin(-\theta) \\ \sin(-\theta) & \cos(-\theta) \end{pmatrix} = \begin{pmatrix} \cos\theta & \sin\theta \\ -\sin\theta & \cos\theta \end{pmatrix}$$

がわかる．∎

問　　題

6.1 次の写像が線形写像か調べよ．線形写像であるときは，その行列を求めよ．

（1） $f : \boldsymbol{R}^2 \to \boldsymbol{R}^2$，$f\left(\begin{pmatrix} x_1 \\ x_2 \end{pmatrix}\right) = \begin{pmatrix} x_1 \\ \sin x_2 \end{pmatrix}$

（2） $f : \boldsymbol{R}^2 \to \boldsymbol{R}^3$，$f\left(\begin{pmatrix} x_1 \\ x_2 \end{pmatrix}\right) = \begin{pmatrix} x_1 - 2x_2 \\ x_2 \\ 3x_1 \end{pmatrix}$

（3） $f: \boldsymbol{R}^3 \to \boldsymbol{R}^3$, $f\left(\begin{pmatrix} x_1 \\ x_2 \\ x_3 \end{pmatrix}\right) = \begin{pmatrix} a{x_1}^2 + x_2 \\ x_2 - x_3 \\ bx_1 + b - 1 \end{pmatrix}$ （a, b は定数）

6.2 次のような線形写像 f の行列を求めよ．

（1） $f: \boldsymbol{R}^2 \to \boldsymbol{R}^2$, $f\left(\begin{pmatrix} 1 \\ 1 \end{pmatrix}\right) = \begin{pmatrix} 2 \\ 3 \end{pmatrix}$, $f\left(\begin{pmatrix} -1 \\ 1 \end{pmatrix}\right) = \begin{pmatrix} 3 \\ 2 \end{pmatrix}$

（2） $f: \boldsymbol{R}^3 \to \boldsymbol{R}^2$, $f\left(\begin{pmatrix} 1 \\ 0 \\ -2 \end{pmatrix}\right) = \begin{pmatrix} 1 \\ -2 \end{pmatrix}$, $f\left(\begin{pmatrix} 1 \\ 1 \\ 0 \end{pmatrix}\right) = \begin{pmatrix} 2 \\ 0 \end{pmatrix}$, $f\left(\begin{pmatrix} 2 \\ 3 \\ 1 \end{pmatrix}\right) = \begin{pmatrix} 3 \\ 1 \end{pmatrix}$

6.3 xy 平面を $\boldsymbol{R}^2$ と同一視し，$\boldsymbol{R}^2$ の 1 次変換 f として，原点のまわりに θ 回転した後，x 軸を対称軸として折り返す写像を考える（$0 < \theta < \pi$）．

（1） f と f の逆変換の行列を求めよ．

（2） f により動かない点を求めよ．

6.4 n 次正方行列 A の定める $\boldsymbol{R}^n$ の 1 次変換を f とし，$\boldsymbol{R}^n$ の基底 $\{\boldsymbol{b}_1, \cdots, \boldsymbol{b}_n\}$ に対して

$$f(\boldsymbol{b}_j) = c_{1j}\boldsymbol{b}_1 + \cdots + c_{nj}\boldsymbol{b}_n \quad (1 \leqq j \leqq n)$$

と表されるとき，n 次行列 $C = (c_{ij})$ とおく．このとき，行列 $A, B = (\boldsymbol{b}_1 \ \cdots \ \boldsymbol{b}_n)$ を用いて C を表せ．（C を基底 $\{\boldsymbol{b}_1, \cdots, \boldsymbol{b}_n\}$ に関する f の表現行列という．）

6.2 核 と 像

$f: \boldsymbol{R}^n \to \boldsymbol{R}^m$ を線形写像とする．$f(\boldsymbol{x}) = \boldsymbol{o}$ となる $\boldsymbol{R}^n$ のベクトル $\boldsymbol{x}$ の全体を f の**核**（kernel）といい，$\mathrm{Ker}\, f$ で表す．すなわち

$$\mathrm{Ker}\, f = \{\boldsymbol{x} \in \boldsymbol{R}^n \mid f(\boldsymbol{x}) = \boldsymbol{o}\}. \tag{6.5}$$

また，$\boldsymbol{R}^n$ から f によってうつされてきた $\boldsymbol{R}^m$ のベクトルの全体を f の**像**（image）といい，$\mathrm{Im}\, f$ または $f(\boldsymbol{R}^n)$ で表す．すなわち

$$\mathrm{Im}\, f = \{f(\boldsymbol{x}) \mid \boldsymbol{x} \in \boldsymbol{R}^n\}. \tag{6.6}$$

定理 6.3 $f: \boldsymbol{R}^n \to \boldsymbol{R}^m$ を線形写像とするとき，

（1） $\mathrm{Ker}\, f$ は $\boldsymbol{R}^n$ の部分空間である．

（2） $\mathrm{Im}\, f$ は $\boldsymbol{R}^m$ の部分空間である．

証明 （1） $\mathrm{Ker}\, f$ の任意のベクトル $\boldsymbol{x}, \boldsymbol{y}$ と任意のスカラー k に対して

$$f(\boldsymbol{x}+\boldsymbol{y}) = f(\boldsymbol{x}) + f(\boldsymbol{y}) = \boldsymbol{o} + \boldsymbol{o} = \boldsymbol{o},$$
$$f(k\boldsymbol{x}) = kf(\boldsymbol{x}) = k\boldsymbol{o} = \boldsymbol{o}$$

より $\boldsymbol{x}+\boldsymbol{y}, k\boldsymbol{x} \in \mathrm{Ker}\, f$．したがって，$\mathrm{Ker}\, f$ は $\boldsymbol{R}^n$ の部分空間である．

（2） $\mathrm{Im}\, f$ の任意のベクトル $\boldsymbol{u}, \boldsymbol{v}$ と任意のスカラー k に対して，$\boldsymbol{u} = f(\boldsymbol{x})$，$\boldsymbol{v} = f(\boldsymbol{y})$ となる $\boldsymbol{x}, \boldsymbol{y} \in \boldsymbol{R}^n$ があるので

$$\boldsymbol{u}+\boldsymbol{v} = f(\boldsymbol{x})+f(\boldsymbol{y}) = f(\boldsymbol{x}+\boldsymbol{y}) \in \mathrm{Im}\, f,$$
$$k\boldsymbol{u} = kf(\boldsymbol{x}) = f(k\boldsymbol{x}) \in \mathrm{Im}\, f.$$

したがって，$\mathrm{Im}\, f$ は $\boldsymbol{R}^m$ の部分空間である． ▒

例 6.6 $\boldsymbol{R}^3$ を xyz 空間の点全体と同一視したとき，xy 平面への正射影から定まる $\boldsymbol{R}^3$ 上の 1 次変換 f を

$$f\left(\begin{pmatrix} x \\ y \\ z \end{pmatrix}\right) = \begin{pmatrix} x \\ y \\ 0 \end{pmatrix}$$

とする．このとき

$$\mathrm{Im}\, f = \left\{\begin{pmatrix} x \\ y \\ 0 \end{pmatrix} \middle| \, x, y \in \boldsymbol{R}\right\} = \left\langle \begin{pmatrix} 1 \\ 0 \\ 0 \end{pmatrix}, \begin{pmatrix} 0 \\ 1 \\ 0 \end{pmatrix} \right\rangle$$

$\boldsymbol{R}^3$ の 2 次元部分空間（xy 平面）

$$\mathrm{Ker}\, f = \left\{\begin{pmatrix} 0 \\ 0 \\ z \end{pmatrix} \middle| \, z \in \boldsymbol{R}\right\} = \left\langle \begin{pmatrix} 0 \\ 0 \\ 1 \end{pmatrix} \right\rangle \quad \boldsymbol{R}^3 \text{ の 1 次元部分空間（}z\text{ 軸）.}$$ ▒

線形写像 $f: \boldsymbol{R}^n \to \boldsymbol{R}^m$ の表現行列を A とするとき $f(\boldsymbol{x}) = A\boldsymbol{x}$ であるので，$\mathrm{Ker}\, f$ は同次連立 1 次方程式 $A\boldsymbol{x} = \boldsymbol{o}$ の解空間と一致する．$\mathrm{Im}\, f$ については次の有用なことが成り立っている．

定理 6.4 線形写像 $f: \boldsymbol{R}^n \to \boldsymbol{R}^m$ の表現行列を A とし，その列ベクトル表示を $A = (\boldsymbol{a}_1 \quad \boldsymbol{a}_2 \quad \cdots \quad \boldsymbol{a}_n)$ とするとき次が成り立つ．

（1） $\mathrm{Im}\, f = \langle \boldsymbol{a}_1, \boldsymbol{a}_2, \cdots, \boldsymbol{a}_n \rangle$.

（2） $\dim(\mathrm{Im}\, f) = \mathrm{rank}\, A$.

証明 （1） $\boldsymbol{R}^n$ の基本列ベクトル $\boldsymbol{e}_j$ $(1 \leqq j \leqq n)$ に対し $f(\boldsymbol{e}_j) = A\boldsymbol{e}_j = \boldsymbol{a}_j$ であることと，(6.3) を用いると

$$\mathrm{Im}\, f = f(\boldsymbol{R}^n) = f(\langle \boldsymbol{e}_1, \cdots, \boldsymbol{e}_n \rangle) = \langle f(\boldsymbol{e}_1), \cdots, f(\boldsymbol{e}_n) \rangle = \langle \boldsymbol{a}_1, \cdots, \boldsymbol{a}_n \rangle$$

である．

（2）（1）の結果と定理 5.12 より明らかである． ■

Im f と Ker f の次元の間には，次に述べるような重要で基本的な関係式が成り立っている．

定理 6.5（次元定理） 線形写像 $f: \boldsymbol{R}^n \to \boldsymbol{R}^m$ に対して，次の等式が成り立つ．

$$\dim(\mathrm{Ker}\, f) + \dim(\mathrm{Im}\, f) = n.$$

証明 $\dim(\mathrm{Ker}\, f) = r$ とし，$\{\boldsymbol{x}_1, \cdots, \boldsymbol{x}_r\}$ を Ker f の基底とする．このとき，定理 5.5 より $n-r$ 個の $\boldsymbol{R}^n$ のベクトル $\boldsymbol{x}_{r+1}, \cdots, \boldsymbol{x}_n$ をつけ加えて $\{\boldsymbol{x}_1, \cdots, \boldsymbol{x}_r, \boldsymbol{x}_{r+1}, \cdots, \boldsymbol{x}_n\}$ が $\boldsymbol{R}^n$ の基底となるようにできる．$\{f(\boldsymbol{x}_{r+1}), \cdots, f(\boldsymbol{x}_n)\}$ が Im f の基底であることを示せば，$\dim(\mathrm{Im}\, f) = n-r$ で定理は証明されたことになる．

まず，(6.3) と $f(\boldsymbol{x}_1) = \cdots = f(\boldsymbol{x}_r) = \boldsymbol{o}$ であることから

$$\begin{aligned}\mathrm{Im}\, f &= f(\langle \boldsymbol{x}_1, \cdots, \boldsymbol{x}_r, \boldsymbol{x}_{r+1}, \cdots, \boldsymbol{x}_n \rangle) \\ &= \langle f(\boldsymbol{x}_1), \cdots, f(\boldsymbol{x}_r), f(\boldsymbol{x}_{r+1}), \cdots, f(\boldsymbol{x}_n) \rangle \\ &= \langle f(\boldsymbol{x}_{r+1}), \cdots, f(\boldsymbol{x}_n) \rangle.\end{aligned}$$

次に，スカラー $k_{r+1}, \cdots, k_n$ に対して

$$k_{r+1} f(\boldsymbol{x}_{r+1}) + \cdots + k_n f(\boldsymbol{x}_n) = \boldsymbol{o}$$

とする．f の線形性から $f(k_{r+1}\boldsymbol{x}_{r+1} + \cdots + k_n \boldsymbol{x}_n) = \boldsymbol{o}$ であるので $k_{r+1}\boldsymbol{x}_{r+1} + \cdots + k_n \boldsymbol{x}_n \in \mathrm{Ker}\, f$．したがって

$$k_{r+1}\boldsymbol{x}_{r+1} + \cdots + k_n \boldsymbol{x}_n = k_1 \boldsymbol{x}_1 + \cdots + k_r \boldsymbol{x}_r \quad (k_1, \cdots, k_r \in \boldsymbol{R})$$

と書ける．整理すると

$$k_1 \boldsymbol{x}_1 + \cdots + k_r \boldsymbol{x}_r + (-k_{r+1})\boldsymbol{x}_{r+1} + \cdots + (-k_n)\boldsymbol{x}_n = \boldsymbol{o}.$$

$\boldsymbol{x}_1, \cdots, \boldsymbol{x}_r, \cdots, \boldsymbol{x}_n$ は1次独立であるので $k_1 = \cdots = k_r = k_{r+1} = \cdots = k_n = 0$ を得る．これより $f(\boldsymbol{x}_{r+1}), \cdots, f(\boldsymbol{x}_n)$ は1次独立であり，Im f の基底をなすことが示された． ■

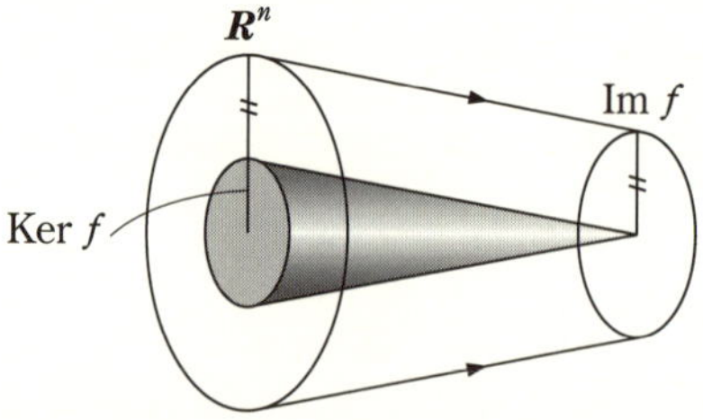

例題 6.2 行列 $A = \begin{pmatrix} 1 & 2 & 3 & 1 \\ 2 & 5 & 5 & 4 \\ 1 & 4 & 1 & 5 \end{pmatrix}$ の定める線形写像 $f\colon \boldsymbol{R}^4 \to \boldsymbol{R}^3$ に対して $\mathrm{Ker}\, f, \mathrm{Im}\, f$ の次元とそれぞれ1組の基底を求めよ．

解 まず $\mathrm{Ker}\, f$ は連立1次方程式 $A\boldsymbol{x} = \boldsymbol{o}$ の解空間より，この方程式をはき出し法で解こう．

$$\left(\begin{array}{cccc|c} 1 & 2 & 3 & 1 & 0 \\ 2 & 5 & 5 & 4 & 0 \\ 1 & 4 & 1 & 5 & 0 \end{array}\right) \xrightarrow[\substack{③+①\times(-1)}]{\substack{②+①\times(-2)}} \left(\begin{array}{cccc|c} 1 & 2 & 3 & 1 & 0 \\ 0 & 1 & -1 & 2 & 0 \\ 0 & 2 & -2 & 4 & 0 \end{array}\right) \xrightarrow[\substack{③+②\times(-2)}]{\substack{①+②\times(-2)}}$$

$$\left(\begin{array}{cccc|c} 1 & 0 & 5 & -3 & 0 \\ 0 & 1 & -1 & 2 & 0 \\ 0 & 0 & 0 & 0 & 0 \end{array}\right).$$

最後の行列の表す連立1次方程式は

$$\begin{cases} x_1 + 5x_3 - 3x_4 = 0 \\ x_2 - x_3 + 2x_4 = 0 \end{cases} \quad \text{すなわち} \quad \begin{cases} x_1 = -5x_3 + 3x_4 \\ x_2 = x_3 - 2x_4 \end{cases}$$

となる．したがって

$$\mathrm{Ker}\, f = \left\{ \begin{pmatrix} -5x_3 + 3x_4 \\ x_3 - 2x_4 \\ x_3 \\ x_4 \end{pmatrix} \middle| \, x_3, x_4 \in \boldsymbol{R} \right\} = \left\{ x_3 \begin{pmatrix} -5 \\ 1 \\ 1 \\ 0 \end{pmatrix} + x_4 \begin{pmatrix} 3 \\ -2 \\ 0 \\ 1 \end{pmatrix} \middle| \, x_3, x_4 \in \boldsymbol{R} \right\}$$

$$= \left\langle \begin{pmatrix} -5 \\ 1 \\ 1 \\ 0 \end{pmatrix}, \begin{pmatrix} 3 \\ -2 \\ 0 \\ 1 \end{pmatrix} \right\rangle.$$

$\mathrm{Ker}\, f$ を生成するこれら2つのベクトルは，互いに他方のスカラー倍でないので1次独立であり，$\mathrm{Ker}\, f$ の基底をなす．したがって，$\dim(\mathrm{Ker}\, f) = 2$ である．

次に，はき出し法の結果から $\dim(\mathrm{Im}\, f) = \mathrm{rank}\, A = 2$ であるので（次元

定理からも $\dim(\mathrm{Im}\, f) = 4 - \dim(\mathrm{Ker}\, f) = 2$ がわかる), A の列ベクトルの中から 2 つの 1 次独立なベクトルを選んで，たとえば $\left\{\begin{pmatrix}1\\2\\1\end{pmatrix}, \begin{pmatrix}2\\5\\4\end{pmatrix}\right\}$ が $\mathrm{Im}\, f$ の基底になる． ▮

問　題

6.5 $\begin{pmatrix}1 & -1 & -3\\ -1 & 0 & 2\\ 2 & 5 & 1\end{pmatrix}$ の定める $\boldsymbol{R}^3$ の 1 次変換 f に対して，$\mathrm{Ker}\, f$ と $\mathrm{Im}\, f$ の 1 組ずつの基底および次元を求めよ．

6.6 $\begin{pmatrix}1 & -1 & 2 & -3\\ 2 & 5 & -3 & 8\\ -1 & 2 & -3 & 5\end{pmatrix}$ の定める線形写像 $f : \boldsymbol{R}^4 \to \boldsymbol{R}^3$ に対して，$\mathrm{Ker}\, f$ と $\mathrm{Im}\, f$ の 1 組ずつの基底および次元を求めよ．

6.7 $\{\boldsymbol{a}_1, \boldsymbol{a}_2, \boldsymbol{a}_3\}$ を $\boldsymbol{R}^3$ の基底とする．$\boldsymbol{R}^3$ の 1 次変換 f が $f(\boldsymbol{a}_1) = \boldsymbol{a}_1 + \boldsymbol{a}_2$, $f(\boldsymbol{a}_2) = 2\boldsymbol{a}_1 + \boldsymbol{a}_3$, $f(\boldsymbol{a}_3) = \boldsymbol{a}_1 + 3\boldsymbol{a}_2 - \boldsymbol{a}_3$ をみたすとき，$\mathrm{Ker}\, f$ と $\mathrm{Im}\, f$ の 1 組ずつの基底および次元を求めよ．

6.8 $\boldsymbol{R}^4$ の部分空間 $V = \{\boldsymbol{x} = (x_i) \mid x_1 + x_2 + x_3 + x_4 = x_3 + 2x_4 = 0\}$ とする．

（1） 3×4 階段行列 A で，その定める線形写像 $f_A : \boldsymbol{R}^4 \to \boldsymbol{R}^3$ が $\mathrm{Ker}\, f_A = V$ をみたすものを求めよ．

（2） $\boldsymbol{R}^3$ の 2 つの 1 次独立なベクトル $\boldsymbol{a} = \begin{pmatrix}a_1\\a_2\\a_3\end{pmatrix}$, $\boldsymbol{b} = \begin{pmatrix}b_1\\b_2\\b_3\end{pmatrix}$ に対して，$\mathrm{Im}\, f_A = \langle \boldsymbol{a}, \boldsymbol{b} \rangle$, $\mathrm{Ker}\, f_A = V$ をみたすような 3×4 行列 A を 1 つ求めよ．

6.9 線形写像 $f : \boldsymbol{R}^n \to \boldsymbol{R}^m$ について，次の (1), (2) は同値であることを示せ．

（1） f は単射 (すなわち，$f(\boldsymbol{x}) = f(\boldsymbol{y})$ ならば $\boldsymbol{x} = \boldsymbol{y}$)

（2） $\mathrm{Ker}\, f = \{\boldsymbol{o}\}$

6.10 $\boldsymbol{R}^n$ の 1 次変換 f について，f が単射であることと全射 (すなわち，$\mathrm{Im}\, f = \boldsymbol{R}^n$) であることは同値なことを示せ．

7

内積

7.1 内積と長さ

平面や空間のベクトルには長さや内積が定義されていて，平面や空間の幾何学的な性質を調べるのに用いられる．$\boldsymbol{R}^n$ のベクトルにもそれを自然に拡張した内積を導入して幾何学的な意味をもたせることができる．

内積 $\boldsymbol{R}^n$ の 2 つのベクトル $\boldsymbol{a} = \begin{pmatrix} a_1 \\ a_2 \\ \vdots \\ a_n \end{pmatrix}$, $\boldsymbol{b} = \begin{pmatrix} b_1 \\ b_2 \\ \vdots \\ b_n \end{pmatrix}$ に対して実数値

$$(\boldsymbol{a}, \boldsymbol{b}) = a_1 b_1 + a_2 b_2 + \cdots + a_n b_n = {}^t\boldsymbol{a}\boldsymbol{b} \tag{7.1}$$

を $\boldsymbol{a}$ と $\boldsymbol{b}$ の**標準内積**または簡単に**内積**という．

$\boldsymbol{R}^n$ の内積が次の性質をもつことは，行列の性質などから容易にわかる．

（1） $(\boldsymbol{a}, \boldsymbol{b}) = (\boldsymbol{b}, \boldsymbol{a})$

（2） $(\boldsymbol{a}+\boldsymbol{b}, \boldsymbol{c}) = (\boldsymbol{a}, \boldsymbol{c}) + (\boldsymbol{b}, \boldsymbol{c})$

（3） $(k\boldsymbol{a}, \boldsymbol{b}) = (\boldsymbol{a}, k\boldsymbol{b}) = k(\boldsymbol{a}, \boldsymbol{b})$ （k はスカラー）

（4） $(\boldsymbol{a}, \boldsymbol{a}) \geqq 0$，等号成立は $\boldsymbol{a} = \boldsymbol{o}$ のときに限る．

注意 7.1 内積の性質 (3) から $(\boldsymbol{a}, \boldsymbol{o}) = (\boldsymbol{o}, \boldsymbol{a}) = 0$ がわかる．また性質 (2), (3) から，ベクトル $\boldsymbol{b}$ を固定したとき内積 $(\boldsymbol{a}, \boldsymbol{b})$ は $\boldsymbol{a}$ について線形であることがわかる．性質 (1) の対称性から $\boldsymbol{b}$ についても線形である．したがって，ベクトルの 1 次結合に対しては次のことが成り立つことがわかる．

$$(k_1\boldsymbol{a}_1 + \cdots + k_r\boldsymbol{a}_r, \boldsymbol{b}) = k_1(\boldsymbol{a}_1, \boldsymbol{b}) + \cdots + k_r(\boldsymbol{a}_r, \boldsymbol{b}),$$
$$(\boldsymbol{a}, l_1\boldsymbol{b}_1 + \cdots + l_s\boldsymbol{b}_s) = l_1(\boldsymbol{a}, \boldsymbol{b}_1) + \cdots + l_s(\boldsymbol{a}, \boldsymbol{b}_s).$$

したがって，さらに一般に次のことが成り立つ．

$$(k_1\boldsymbol{a}_1+\cdots+k_r\boldsymbol{a}_r,\ l_1\boldsymbol{b}_1+\cdots+l_s\boldsymbol{b}_s)=\sum_{i=1}^{r}\sum_{j=1}^{s}k_il_j(\boldsymbol{a}_i,\ \boldsymbol{b}_j). \tag{7.2}$$

▒ ベクトルの長さと角 ▒　$\boldsymbol{R}^n$ のベクトル $\boldsymbol{a}$ に対して，$\sqrt{(\boldsymbol{a},\ \boldsymbol{a})}$ を $\boldsymbol{a}$ の**長さ**または**ノルム**といい，$\|\boldsymbol{a}\|$ で表す．すなわち $\boldsymbol{a}=\begin{pmatrix}a_1\\ \vdots\\ a_n\end{pmatrix}$ のとき

$$\|\boldsymbol{a}\|=\sqrt{(\boldsymbol{a},\ \boldsymbol{a})}=\sqrt{{a_1}^2+\cdots+{a_n}^2}. \tag{7.3}$$

とくに $\|\boldsymbol{a}\|=1$ であるとき，$\boldsymbol{a}$ を**単位ベクトル**という．

内積の性質 (4) と (3)，または (7.3) より

$$\|\boldsymbol{a}\|\geqq 0,\ \text{等号成立は}\ \boldsymbol{a}=\boldsymbol{o}\ \text{のときに限る} \tag{7.4}$$

$$\|k\boldsymbol{a}\|=|k|\,\|\boldsymbol{a}\|\quad(k\ \text{はスカラー}) \tag{7.5}$$

の成り立つことがすぐにわかる．

例 7.1　$\boldsymbol{R}^4$ のベクトル $\boldsymbol{a}=\begin{pmatrix}1\\2\\3\\4\end{pmatrix}$，$\boldsymbol{b}=\begin{pmatrix}-7\\-4\\1\\3\end{pmatrix}$，$\boldsymbol{c}=\begin{pmatrix}14\\8\\-2\\-6\end{pmatrix}$ とするとき，

$(\boldsymbol{a},\ \boldsymbol{b})=-7+(-8)+3+12=0,$

$\|\boldsymbol{a}\|=\sqrt{1^2+2^2+3^2+4^2}=\sqrt{30},\quad \|\boldsymbol{b}\|=\sqrt{(-7)^2+(-4)^2+1^2+3^2}=5\sqrt{3}$

であり，$\boldsymbol{c}=-2\boldsymbol{b}$ に注意すると，

$$\|\boldsymbol{c}\|=\|-2\boldsymbol{b}\|=|-2|\,\|\boldsymbol{b}\|=10\sqrt{3},$$
$$(\boldsymbol{a},\ \boldsymbol{c})=(\boldsymbol{a},\ -2\boldsymbol{b})=-2(\boldsymbol{a},\ \boldsymbol{b})=0,$$
$$(\boldsymbol{b},\ \boldsymbol{c})=(\boldsymbol{b},\ -2\boldsymbol{b})=-2\,\|\boldsymbol{b}\|^2=-150.$$

▒

定理 7.1　$\boldsymbol{R}^n$ のベクトルの長さについて次の不等式が成り立つ．

（1）$|(\boldsymbol{a},\ \boldsymbol{b})|\leqq\|\boldsymbol{a}\|\,\|\boldsymbol{b}\|$　**（シュワルツの不等式）**

等号成立は $\boldsymbol{a},\ \boldsymbol{b}$ が 1 次従属のときに限る．

（2）$\|\boldsymbol{a}+\boldsymbol{b}\|\leqq\|\boldsymbol{a}\|+\|\boldsymbol{b}\|$　**（三角不等式）**

等号成立は $\boldsymbol{a}=k\boldsymbol{b}$ $(k\geqq 0)$ または $\boldsymbol{b}=k\boldsymbol{a}$ $(k\geqq 0)$ のときに限る．

証明 （1） $\boldsymbol{a}=\boldsymbol{o}$ のとき，両辺は 0 となって等号成立しているので，以下 $\boldsymbol{a}\neq\boldsymbol{o}$ とする．任意のスカラー k に対して

$$\begin{aligned}0 &\leqq \|k\boldsymbol{a}+\boldsymbol{b}\|^2=(k\boldsymbol{a}+\boldsymbol{b},\ k\boldsymbol{a}+\boldsymbol{b})\\ &= k^2(\boldsymbol{a},\boldsymbol{a})+k(\boldsymbol{a},\boldsymbol{b})+k(\boldsymbol{b},\boldsymbol{a})+(\boldsymbol{b},\boldsymbol{b})\\ &= k^2\|\boldsymbol{a}\|^2+2k(\boldsymbol{a},\boldsymbol{b})+\|\boldsymbol{b}\|^2.\end{aligned}$$

とくに $k=-\dfrac{(\boldsymbol{a},\boldsymbol{b})}{\|\boldsymbol{a}\|^2}$ とおくと，$0\leqq-\dfrac{(\boldsymbol{a},\boldsymbol{b})^2}{\|\boldsymbol{a}\|^2}+\|\boldsymbol{b}\|^2$ すなわち

$$(\boldsymbol{a},\boldsymbol{b})^2\leqq\|\boldsymbol{a}\|^2\|\boldsymbol{b}\|^2$$

であるので，(1) の不等式を得る．ここで等号が成立するのは，$k\boldsymbol{a}+\boldsymbol{b}=\boldsymbol{o}$ すなわち $\boldsymbol{b}=\dfrac{(\boldsymbol{a},\boldsymbol{b})}{\|\boldsymbol{a}\|^2}\boldsymbol{a}$ のときに限られる．$\boldsymbol{a}=\boldsymbol{o}$ の場合とあわせて，$\boldsymbol{a},\boldsymbol{b}$ が 1 次従属のときということになる．

（2） 両辺とも非負であるので 2 乗して比較する．(1) の結果を用いて

$$\begin{aligned}\|\boldsymbol{a}+\boldsymbol{b}\|^2 &= \|\boldsymbol{a}\|^2+2(\boldsymbol{a},\boldsymbol{b})+\|\boldsymbol{b}\|^2\\ &\leqq \|\boldsymbol{a}\|^2+2\,|(\boldsymbol{a},\boldsymbol{b})|+\|\boldsymbol{b}\|^2\\ &\leqq \|\boldsymbol{a}\|^2+2\,\|\boldsymbol{a}\|\,\|\boldsymbol{b}\|+\|\boldsymbol{b}\|^2\\ &= (\|\boldsymbol{a}\|+\|\boldsymbol{b}\|)^2.\end{aligned}$$

これより (2) の不等式を得る．等号が成立するのは，$(\boldsymbol{a},\boldsymbol{b})=|(\boldsymbol{a},\boldsymbol{b})|\geqq 0$ かつ (1) の等号成立のときである．したがって，$\boldsymbol{a}=\boldsymbol{o}\ (=0\boldsymbol{b})$ または $\boldsymbol{b}=k\boldsymbol{a}\left(k=\dfrac{(\boldsymbol{a},\boldsymbol{b})}{\|\boldsymbol{a}\|^2}\geqq 0\right)$ のときであり，定理のようにまとめられる． ∎

$\boldsymbol{R}^n$ の $\boldsymbol{o}$ でない 2 つのベクトル $\boldsymbol{a},\boldsymbol{b}$ に対して，シュワルツの不等式より

$$-1\leqq\frac{(\boldsymbol{a},\boldsymbol{b})}{\|\boldsymbol{a}\|\,\|\boldsymbol{b}\|}\leqq 1$$

であることがわかるので，

$$\cos\theta=\frac{(\boldsymbol{a},\boldsymbol{b})}{\|\boldsymbol{a}\|\,\|\boldsymbol{b}\|}\tag{7.6}$$

をみたす $\theta\ (0\leqq\theta\leqq\pi)$ がただ 1 つ定まる．この θ を $\boldsymbol{a},\boldsymbol{b}$ のなす**角**という．

とくに $(\boldsymbol{a},\boldsymbol{b})=0$ のとき，$\theta=\dfrac{\pi}{2}$ であるので $\boldsymbol{a}$ と $\boldsymbol{b}$ は**直交する**といい，

$$\boldsymbol{a}\perp\boldsymbol{b}$$

と書く．零ベクトル $\boldsymbol{o}$ については $\boldsymbol{R}^n$ のすべてのベクトルと直交しているとみなすことにする．

例 7.2　$\boldsymbol{R}^n$ のベクトル $\boldsymbol{a}, \boldsymbol{b}$ に対して

$$\begin{aligned}\|\boldsymbol{a}-\boldsymbol{b}\|^2 &= (\boldsymbol{a}-\boldsymbol{b}, \boldsymbol{a}-\boldsymbol{b}) = \|\boldsymbol{a}\|^2+\|\boldsymbol{b}\|^2-2(\boldsymbol{a}, \boldsymbol{b}) \\ &= \|\boldsymbol{a}\|^2+\|\boldsymbol{b}\|^2-2\|\boldsymbol{a}\|\|\boldsymbol{b}\|\cos\theta,\end{aligned}$$

$\boldsymbol{a} \perp \boldsymbol{b}$ のときには $\|\boldsymbol{a}-\boldsymbol{b}\|^2 = \|\boldsymbol{a}\|^2+\|\boldsymbol{b}\|^2$ となる．これらは余弦定理やピタゴラスの定理が $\boldsymbol{R}^n$ においても成り立つことを表している． ▮

問　　題

7.1　$\boldsymbol{a} = \dfrac{1}{2}\begin{pmatrix} a \\ -a \\ -a \\ 1 \end{pmatrix}$ と $\boldsymbol{b} = \dfrac{1}{\sqrt{30}}\begin{pmatrix} 2b \\ b \\ 2b \\ \sqrt{3}\,a \end{pmatrix}$ が直交する単位ベクトルであるとき，a と b の値を求めよ．

7.2　次を示せ．

（1）　$\|\boldsymbol{a}+\boldsymbol{b}\|^2+\|\boldsymbol{a}-\boldsymbol{b}\|^2 = 2(\|\boldsymbol{a}\|^2+\|\boldsymbol{b}\|^2)$

（2）　$|\|\boldsymbol{a}\|-\|\boldsymbol{b}\|| \leqq \|\boldsymbol{a}-\boldsymbol{b}\|$

7.3　$\boldsymbol{R}^n$ の任意のベクトル $\boldsymbol{x}, \boldsymbol{y}$ に対して，

$$(\boldsymbol{x}, \boldsymbol{y}) = \|\boldsymbol{x}+a\boldsymbol{y}\|^2-\|b\boldsymbol{x}+c\boldsymbol{y}\|^2$$

が成り立つような定数 a, b, c を求めよ（$b > 0$ とする）．

7.4　$\boldsymbol{R}^n$ から $\boldsymbol{R}$ への線形写像 f は，$\boldsymbol{R}^n$ のあるベクトル $\boldsymbol{a}$ によって $f(\boldsymbol{x}) = (\boldsymbol{a}, \boldsymbol{x})$ $(\boldsymbol{x} \in \boldsymbol{R}^n)$ と表せることを示せ．

7.2　直　交　系

▮ **正規直交系** ▮　　$\boldsymbol{R}^n$ の $\boldsymbol{o}$ でないベクトルの組 $\{\boldsymbol{a}_1, \boldsymbol{a}_2, \cdots, \boldsymbol{a}_r\}$ において，どの 2 つも互いに直交するとき，すなわち

$$i \neq j \quad \text{ならば} \quad (\boldsymbol{a}_i, \boldsymbol{a}_j) = 0 \tag{7.7}$$

であるとき，$\{\boldsymbol{a}_1, \boldsymbol{a}_2, \cdots, \boldsymbol{a}_r\}$ は**直交系**であるという．さらに，すべての $\boldsymbol{a}_i$ が単位ベクトルのとき，すなわち

$$(\boldsymbol{a}_i, \boldsymbol{a}_j) = \delta_{ij} = \begin{cases} 1 & (i = j) \\ 0 & (i \neq j) \end{cases} \tag{7.8}$$

であるときは，**正規直交系**であるという．また，$\boldsymbol{R}^n$ の部分空間 V の基底で正規直交系であるものを V の**正規直交基底**という．

例 7.3　$\boldsymbol{R}^n$ の標準基底 $\{\boldsymbol{e}_1, \boldsymbol{e}_2, \cdots, \boldsymbol{e}_n\}$ は $\boldsymbol{R}^n$ の正規直交基底である． ▮

例 7.4 例6.5のθ回転の行列$R(\theta)$の列ベクトル$\boldsymbol{a}_1 = \begin{pmatrix} \cos\theta \\ \sin\theta \end{pmatrix}$, $\boldsymbol{a}_2 = \begin{pmatrix} -\sin\theta \\ \cos\theta \end{pmatrix}$は$\boldsymbol{R}^2$の正規直交基底をなす. ▨

> **定理 7.2** $\boldsymbol{a}_1, \boldsymbol{a}_2, \cdots, \boldsymbol{a}_r$が直交系をなすとき, それらは1次独立である.

証明 $\boldsymbol{a}_1, \cdots, \boldsymbol{a}_r$の1次結合$k_1\boldsymbol{a}_1+\cdots+k_r\boldsymbol{a}_r = \boldsymbol{o}$とする. 両辺の$\boldsymbol{a}_i$ $(1 \leqq i \leqq r)$との内積をとると

$$k_1(\boldsymbol{a}_1, \boldsymbol{a}_i)+\cdots+k_i(\boldsymbol{a}_i, \boldsymbol{a}_i)+\cdots+k_r(\boldsymbol{a}_r, \boldsymbol{a}_i) = 0$$

となる. 直交性から左辺のi番目以外の項は0となるので

$$k_i(\boldsymbol{a}_i, \boldsymbol{a}_i) = 0 \quad (1 \leqq i \leqq r).$$

$\boldsymbol{a}_i \neq \boldsymbol{o}$より$(\boldsymbol{a}_i, \boldsymbol{a}_i) \neq 0$であるので$k_i = 0$ $(1 \leqq i \leqq r)$を得る. したがって, $\boldsymbol{a}_1, \cdots, \boldsymbol{a}_r$は1次独立である. ▨

▨ シュミットの直交化法 ▨

> **定理 7.3** $\boldsymbol{R}^n$において$\{\boldsymbol{u}_1, \boldsymbol{u}_2, \cdots, \boldsymbol{u}_r\}$が正規直交系であり, $\boldsymbol{a}, \boldsymbol{u}_1, \cdots, \boldsymbol{u}_r$が1次独立のとき
>
> $$\boldsymbol{b} = \boldsymbol{a}-(\boldsymbol{a}, \boldsymbol{u}_1)\boldsymbol{u}_1-\cdots-(\boldsymbol{a}, \boldsymbol{u}_r)\boldsymbol{u}_r, \quad \boldsymbol{u}_{r+1} = \frac{\boldsymbol{b}}{\|\boldsymbol{b}\|} \tag{7.9}$$
>
> とおくと, $\{\boldsymbol{u}_1, \cdots, \boldsymbol{u}_r, \boldsymbol{u}_{r+1}\}$は正規直交系であり
>
> $$\langle \boldsymbol{a}, \boldsymbol{u}_1, \cdots, \boldsymbol{u}_r \rangle = \langle \boldsymbol{u}_1, \cdots, \boldsymbol{u}_r, \boldsymbol{u}_{r+1} \rangle$$
>
> が成り立つ.

証明 まず$\boldsymbol{a}, \boldsymbol{u}_1, \cdots, \boldsymbol{u}_r$は1次独立であるので$\boldsymbol{b} \neq \boldsymbol{o}$がわかる. 各$j$ $(1 \leqq j \leqq r)$に対して

$$\begin{aligned}(\boldsymbol{b}, \boldsymbol{u}_j) &= (\boldsymbol{a}, \boldsymbol{u}_j)-(\boldsymbol{a}, \boldsymbol{u}_1)(\boldsymbol{u}_1, \boldsymbol{u}_j)-\cdots-(\boldsymbol{a}, \boldsymbol{u}_j)(\boldsymbol{u}_j, \boldsymbol{u}_j)-\cdots-(\boldsymbol{a}, \boldsymbol{u}_r)(\boldsymbol{u}_r, \boldsymbol{u}_j) \\ &= (\boldsymbol{a}, \boldsymbol{u}_j)-(\boldsymbol{a}, \boldsymbol{u}_j)(\boldsymbol{u}_j, \boldsymbol{u}_j) = 0.\end{aligned}$$

したがって, $\boldsymbol{u}_{r+1} = \dfrac{\boldsymbol{b}}{\|\boldsymbol{b}\|}$も$\boldsymbol{u}_j$ $(1 \leqq j \leqq r)$と直交する. また(7.5)より, $\|\boldsymbol{u}_{r+1}\| = \dfrac{1}{\|\boldsymbol{b}\|}\|\boldsymbol{b}\| = 1$であるので, $\{\boldsymbol{u}_1, \cdots, \boldsymbol{u}_r, \boldsymbol{u}_{r+1}\}$は正規直交系である.

次に$\boldsymbol{u}_{r+1}$のつくり方から, $\boldsymbol{u}_{r+1} \in \langle \boldsymbol{a}, \boldsymbol{u}_1, \cdots, \boldsymbol{u}_r \rangle$. また$\boldsymbol{a} = \boldsymbol{b}+(\boldsymbol{a}, \boldsymbol{u}_1)\boldsymbol{u}_1+\cdots$

$+(\boldsymbol{a}, \boldsymbol{u}_r)\boldsymbol{u}_r$ より $\boldsymbol{a} \in \langle \boldsymbol{u}_1, \cdots, \boldsymbol{u}_r, \boldsymbol{b} \rangle = \langle \boldsymbol{u}_1, \cdots, \boldsymbol{u}_r, \boldsymbol{u}_{r+1} \rangle$ である．したがって (5.4) を用いて定理の後半がわかる． ■

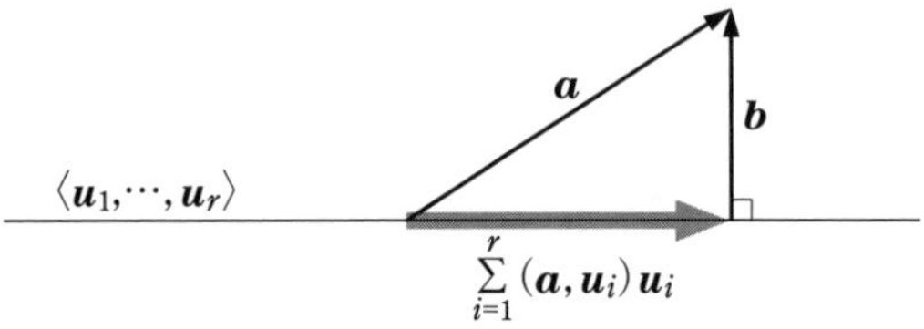

この定理を用いれば，$\boldsymbol{R}^n$ の部分空間 V の基底 $\{\boldsymbol{a}_1, \cdots, \boldsymbol{a}_m\}$ から V の正規直交基底 $\{\boldsymbol{u}_1, \cdots, \boldsymbol{u}_m\}$ を次のように構成することができる．

（i） $\boldsymbol{u}_1 = \dfrac{\boldsymbol{a}_1}{\|\boldsymbol{a}_1\|}$ とおくと $\boldsymbol{u}_1$ は単位ベクトルになる（$\boldsymbol{a}_1$ の **正規化**という）．

（ii） $\boldsymbol{a}_2, \boldsymbol{u}_1$ から (7.9) により正規直交系 $\{\boldsymbol{u}_1, \boldsymbol{u}_2\}$ を得る．

$$\boldsymbol{b}_2 = \boldsymbol{a}_2 - (\boldsymbol{a}_2, \boldsymbol{u}_1)\boldsymbol{u}_1, \quad \boldsymbol{u}_2 = \frac{\boldsymbol{b}_2}{\|\boldsymbol{b}_2\|}.$$

（iii） $\boldsymbol{a}_3, \boldsymbol{u}_1, \boldsymbol{u}_2$ から (7.9) により正規直交系 $\{\boldsymbol{u}_1, \boldsymbol{u}_2, \boldsymbol{u}_3\}$ を得る．

$$\boldsymbol{b}_3 = \boldsymbol{a}_3 - (\boldsymbol{a}_3, \boldsymbol{u}_1)\boldsymbol{u}_1 - (\boldsymbol{a}_3, \boldsymbol{u}_2)\boldsymbol{u}_2, \quad \boldsymbol{u}_3 = \frac{\boldsymbol{b}_3}{\|\boldsymbol{b}_3\|}.$$

$$\vdots$$

（m） $\boldsymbol{a}_m, \boldsymbol{u}_1, \cdots, \boldsymbol{u}_{m-1}$ から (7.9) により正規直交系 $\{\boldsymbol{u}_1, \cdots, \boldsymbol{u}_m\}$ を得る．

$$\boldsymbol{b}_m = \boldsymbol{a}_m - (\boldsymbol{a}_m, \boldsymbol{u}_1)\boldsymbol{u}_1 - \cdots - (\boldsymbol{a}_m, \boldsymbol{u}_{m-1})\boldsymbol{u}_{m-1}, \quad \boldsymbol{u}_m = \frac{\boldsymbol{b}_m}{\|\boldsymbol{b}_m\|}.$$

このとき $\langle \boldsymbol{u}_1, \cdots, \boldsymbol{u}_m \rangle = \langle \boldsymbol{a}_1, \cdots, \boldsymbol{a}_m \rangle = V$ で正規直交系は1次独立より，$\{\boldsymbol{u}_1, \cdots, \boldsymbol{u}_m\}$ は V の正規直交基底である．上の構成法は**シュミットの直交化法**と呼ばれている．

系 5.6 と以上のことから次の定理を得る．

定理 7.4 $\boldsymbol{R}^n$ の部分空間 V $(\neq \{\boldsymbol{o}\})$ には正規直交基底が存在する．

例題 7.1　$\boldsymbol{R}^3$ の基底をなす 3 つのベクトル $\boldsymbol{a}_1 = \begin{pmatrix}1\\1\\1\end{pmatrix}$, $\boldsymbol{a}_2 = \begin{pmatrix}2\\1\\1\end{pmatrix}$, $\boldsymbol{a}_3 = \begin{pmatrix}1\\0\\3\end{pmatrix}$ からシュミットの直交化法により $\boldsymbol{R}^3$ の正規直交基底をつくれ．

解　$\|\boldsymbol{a}_1\| = \sqrt{3}$ より $\boldsymbol{u}_1 = \dfrac{\boldsymbol{a}_1}{\|\boldsymbol{a}_1\|} = \dfrac{1}{\sqrt{3}}\begin{pmatrix}1\\1\\1\end{pmatrix}$.

$$\boldsymbol{b}_2 = \boldsymbol{a}_2 - (\boldsymbol{a}_2, \boldsymbol{u}_1)\boldsymbol{u}_1 = \begin{pmatrix}2\\1\\1\end{pmatrix} - \frac{4}{\sqrt{3}}\cdot\frac{1}{\sqrt{3}}\begin{pmatrix}1\\1\\1\end{pmatrix} = \frac{1}{3}\begin{pmatrix}2\\-1\\-1\end{pmatrix}$$

より $\|\boldsymbol{b}_2\| = \dfrac{1}{3}\left\|\begin{pmatrix}2\\-1\\-1\end{pmatrix}\right\| = \dfrac{\sqrt{6}}{3}$ であり，$\boldsymbol{u}_2 = \dfrac{\boldsymbol{b}_2}{\|\boldsymbol{b}_2\|} = \dfrac{1}{\sqrt{6}}\begin{pmatrix}2\\-1\\-1\end{pmatrix}$.

$$\begin{aligned}\boldsymbol{b}_3 &= \boldsymbol{a}_3 - (\boldsymbol{a}_3, \boldsymbol{u}_1)\boldsymbol{u}_1 - (\boldsymbol{a}_3, \boldsymbol{u}_2)\boldsymbol{u}_2\\ &= \begin{pmatrix}1\\0\\3\end{pmatrix} - \frac{4}{\sqrt{3}}\cdot\frac{1}{\sqrt{3}}\begin{pmatrix}1\\1\\1\end{pmatrix} - \frac{-1}{\sqrt{6}}\cdot\frac{1}{\sqrt{6}}\begin{pmatrix}2\\-1\\-1\end{pmatrix} = \frac{3}{2}\begin{pmatrix}0\\-1\\1\end{pmatrix}\end{aligned}$$

より $\|\boldsymbol{b}_3\| = \dfrac{3}{2}\left\|\begin{pmatrix}0\\-1\\1\end{pmatrix}\right\| = \dfrac{3}{2}\sqrt{2}$ であり，$\boldsymbol{u}_3 = \dfrac{\boldsymbol{b}_3}{\|\boldsymbol{b}_3\|} = \dfrac{1}{\sqrt{2}}\begin{pmatrix}0\\-1\\1\end{pmatrix}$.

このように得られた $\left\{\dfrac{1}{\sqrt{3}}\begin{pmatrix}1\\1\\1\end{pmatrix}, \dfrac{1}{\sqrt{6}}\begin{pmatrix}2\\-1\\-1\end{pmatrix}, \dfrac{1}{\sqrt{2}}\begin{pmatrix}0\\-1\\1\end{pmatrix}\right\}$ が求める $\boldsymbol{R}^3$ の正規直交基底である．▮

直交行列　$\boldsymbol{R}^n$ の 1 次変換 f がベクトルの長さを変えない，すなわち

$$\|f(\boldsymbol{x})\| = \|\boldsymbol{x}\| \quad (\boldsymbol{x} \in \boldsymbol{R}^n)$$

であるとき f を**等長変換**または**直交変換**という．ここでは，そのような f の

行列（すなわち $f(\boldsymbol{x}) = A\boldsymbol{x}$ をみたす）A について考えてみよう．その際，次の補題は基本的である．

> **補題 7.5**　n 次正方行列 A と $\boldsymbol{R}^n$ のベクトル $\boldsymbol{x}, \boldsymbol{y}$ に対して次が成り立つ．
> $$(A\boldsymbol{x}, \boldsymbol{y}) = (\boldsymbol{x}, {}^tA\boldsymbol{y}).$$

証明　内積の定義と行列の性質を用いて次のように変形できる．
$$(A\boldsymbol{x}, \boldsymbol{y}) = {}^t(A\boldsymbol{x})\boldsymbol{y} = ({}^t\boldsymbol{x}{}^tA)\boldsymbol{y} = {}^t\boldsymbol{x}({}^tA\boldsymbol{y}) = (\boldsymbol{x}, {}^tA\boldsymbol{y}).$$ ■

> **定理 7.6**　$A = (\boldsymbol{a}_1 \quad \boldsymbol{a}_2 \quad \cdots \quad \boldsymbol{a}_n)$ を n 次正方行列 A の列ベクトル表示とするとき，次の (1)〜(4) は同値な条件である．
> （1）$\|A\boldsymbol{x}\| = \|\boldsymbol{x}\| \qquad (\boldsymbol{x} \in \boldsymbol{R}^n)$
> （2）$(A\boldsymbol{x}, A\boldsymbol{y}) = (\boldsymbol{x}, \boldsymbol{y}) \qquad (\boldsymbol{x}, \boldsymbol{y} \in \boldsymbol{R}^n)$
> （3）$\{\boldsymbol{a}_1, \boldsymbol{a}_2, \cdots, \boldsymbol{a}_n\}$ は $\boldsymbol{R}^n$ の正規直交基底
> （4）${}^tAA = A\,{}^tA = E_n$

証明　(1)$\Longrightarrow$(2)：(1) の仮定より
$$\begin{aligned}\|A(\boldsymbol{x}+\boldsymbol{y})\|^2 = (A\boldsymbol{x}+A\boldsymbol{y}, A\boldsymbol{x}+A\boldsymbol{y}) &= \|A\boldsymbol{x}\|^2+2(A\boldsymbol{x}, A\boldsymbol{y})+\|A\boldsymbol{y}\|^2 \\ &= \|\boldsymbol{x}\|^2+2(A\boldsymbol{x}, A\boldsymbol{y})+\|\boldsymbol{y}\|^2\end{aligned}$$
と $\|\boldsymbol{x}+\boldsymbol{y}\|^2 = (\boldsymbol{x}+\boldsymbol{y}, \boldsymbol{x}+\boldsymbol{y}) = \|\boldsymbol{x}\|^2+2(\boldsymbol{x}, \boldsymbol{y})+\|\boldsymbol{y}\|^2$ が等しいので，$(A\boldsymbol{x}, A\boldsymbol{y}) = (\boldsymbol{x}, \boldsymbol{y})$ である．

(2)$\Longrightarrow$(3)：$\boldsymbol{R}^n$ の標準基底 $\{\boldsymbol{e}_1, \cdots, \boldsymbol{e}_n\}$ に対して
$$(\boldsymbol{a}_i, \boldsymbol{a}_j) = (A\boldsymbol{e}_i, A\boldsymbol{e}_j) = (\boldsymbol{e}_i, \boldsymbol{e}_j) = \delta_{ij}.$$
したがって，$\{\boldsymbol{a}_1, \cdots, \boldsymbol{a}_n\}$ は正規直交基底である．

(3)$\Longrightarrow$(4)：${}^tA$ の第 i 行は ${}^t\boldsymbol{a}_i$ であるので，
$${}^tAA \text{ の } (i, j) \text{ 成分} = {}^t\boldsymbol{a}_i\boldsymbol{a}_j = (\boldsymbol{a}_i, \boldsymbol{a}_j) = \delta_{ij}.$$
したがって ${}^tAA = E_n$ であり，${}^tA = A^{-1}$ より $A{}^tA = E_n$ でもある．

(4)$\Longrightarrow$(1)：補題 7.5 を用いれば
$$\|A\boldsymbol{x}\|^2 = (A\boldsymbol{x}, A\boldsymbol{x}) = (\boldsymbol{x}, {}^tAA\boldsymbol{x}) = (\boldsymbol{x}, E\boldsymbol{x}) = (\boldsymbol{x}, \boldsymbol{x}) = \|\boldsymbol{x}\|^2$$
よりわかる． ■

注意 7.2　条件 (2) から直交変換 f は内積を保つこと（$(f(\boldsymbol{x}), f(\boldsymbol{y})) = (\boldsymbol{x}, \boldsymbol{y})$）がわかる．直交変換はベクトルの長さを変えないので，2 つのベクトルのなす角をも変えないことがわかる．

定理 7.6 の条件のいずれかをみたす行列 A を n 次の**直交行列**という．(4) より A は正則であり，$A^{-1} = {}^tA$ である．とくに

$$1 = |E| = |{}^tAA| = |{}^tA|\,|A| = |A|^2$$

であるので $|A| = \pm 1$ であることもわかる．$|A| = 1$ であるときには**回転行列**と呼ばれる．

例題 7.2　2 次の直交行列は $\begin{pmatrix} \cos\theta & -\sin\theta \\ \sin\theta & \cos\theta \end{pmatrix}$ または $\begin{pmatrix} \cos\theta & \sin\theta \\ \sin\theta & -\cos\theta \end{pmatrix}$ の形であることを示せ．

解　$A = \begin{pmatrix} a & b \\ c & d \end{pmatrix}$ とする．まず $\begin{pmatrix} a \\ c \end{pmatrix}$ の長さが 1 なので $a^2+c^2 = 1$ であり，$a = \cos\theta$，$c = \sin\theta$ と書ける．次に ${}^tA = A^{-1}$ より

$$\begin{pmatrix} a & c \\ b & d \end{pmatrix} = \frac{1}{|A|}\begin{pmatrix} d & -b \\ -c & a \end{pmatrix}$$

であり，また $|A| = \pm 1$ であった．したがって

$|A| = 1$ のときは，$d = a = \cos\theta$，$b = -c = -\sin\theta$ より

$$A = \begin{pmatrix} \cos\theta & -\sin\theta \\ \sin\theta & \cos\theta \end{pmatrix},$$

$|A| = -1$ のときは，$d = -a = -\cos\theta$，$b = c = \sin\theta$ より

$$A = \begin{pmatrix} \cos\theta & \sin\theta \\ \sin\theta & -\cos\theta \end{pmatrix}.$$

xy 平面において，前者は原点中心の θ 回転を表す行列であった（例 6.5）．後者は直線 $\left(\cos\dfrac{\theta}{2}\right)y = \left(\sin\dfrac{\theta}{2}\right)x$ を対称軸とする折り返しを表す行列になっていることがわかる．■

問　題

7.5　$\boldsymbol{a}_1 = \begin{pmatrix} 1 \\ -1 \\ -1 \end{pmatrix}$，$\boldsymbol{a}_2 = \begin{pmatrix} 2 \\ -1 \\ 3 \end{pmatrix}$，$\boldsymbol{a}_3 = \begin{pmatrix} 4 \\ 5 \\ -1 \end{pmatrix}$ は直交系をなすことを確かめて，$\boldsymbol{a}$

$= \begin{pmatrix}1\\2\\3\end{pmatrix}$ をこれらの1次結合で表せ．

7.6 $\boldsymbol{R}^n$ の正規直交基底 $\{\boldsymbol{u}_1, \cdots, \boldsymbol{u}_n\}$ に対して，$\boldsymbol{a} = \boldsymbol{u}_1 + \sqrt{2}\,\boldsymbol{u}_2 + \sqrt{3}\,\boldsymbol{u}_3 + \cdots + \sqrt{n}\,\boldsymbol{u}_n$ とするとき $\|\boldsymbol{a}\|$ を求めよ．

7.7 $\boldsymbol{R}^3$ の正規直交基底 $\{\boldsymbol{u}_1, \boldsymbol{u}_2, \boldsymbol{u}_3\}$ に対して $\boldsymbol{a}_i = \boldsymbol{u}_i - \dfrac{2}{3}(\boldsymbol{u}_1 + \boldsymbol{u}_2 + \boldsymbol{u}_3)$ $(i = 1, 2, 3)$ とおくと，$\{\boldsymbol{a}_1, \boldsymbol{a}_2, \boldsymbol{a}_3\}$ も $\boldsymbol{R}^3$ の正規直交基底であることを示せ．

7.8 シュミットの直交化法により，次のベクトルの組から正規直交系を求めよ．

（1） $\begin{pmatrix}2\\1\end{pmatrix}, \begin{pmatrix}3\\2\end{pmatrix}$　（2） $\begin{pmatrix}1\\2\\-1\end{pmatrix}, \begin{pmatrix}1\\1\\0\end{pmatrix}, \begin{pmatrix}3\\1\\1\end{pmatrix}$　（3） $\begin{pmatrix}1\\1\\1\\1\end{pmatrix}, \begin{pmatrix}1\\0\\0\\1\end{pmatrix}, \begin{pmatrix}1\\0\\-2\\0\end{pmatrix}$

7.9 単位ベクトル $\boldsymbol{a} = \dfrac{1}{3}\begin{pmatrix}2\\2\\1\end{pmatrix}$ を第1列にもつような3次の直交行列を1つ求めよ．

7.10 A, B を n 次直交行列とするとき，次の行列も直交行列であることを示せ．

（1） AB　（2） $A^{-1}\ (= {}^tA)$　（3） $\begin{pmatrix}A & O\\O & B\end{pmatrix}$

7.11 次の行列が直交行列であるように a, b, c, d $(a \geqq 0,\ b \geqq 0)$ を定めよ．

（1） $\begin{pmatrix}a & -b\\c & \dfrac{1}{\sqrt{2}}\end{pmatrix}$　（2） $\begin{pmatrix}\dfrac{1}{\sqrt{2}} & b & -\dfrac{1}{\sqrt{6}}\\-\dfrac{1}{\sqrt{2}} & b & c\\a & b & d\end{pmatrix}$

7.12 $\boldsymbol{R}^n \ni \boldsymbol{a}\ (\neq \boldsymbol{o})$ に対して，$\boldsymbol{R}^n$ の次の1次変換 f を考える．

$$f(\boldsymbol{x}) = \boldsymbol{x} - \frac{2(\boldsymbol{a}, \boldsymbol{x})}{(\boldsymbol{a}, \boldsymbol{a})}\boldsymbol{a}$$

（1） f は直交変換であることを示せ．

（2） $\boldsymbol{a}_1 = \dfrac{\boldsymbol{a}}{\|\boldsymbol{a}\|}, \boldsymbol{a}_2, \cdots, \boldsymbol{a}_n$ が $\boldsymbol{R}^n$ の正規直交基底のとき，$f(\boldsymbol{a}_i)$ を求めよ $(1 \leqq i \leqq n)$．

（3） $n = 3$，$\boldsymbol{a} = \begin{pmatrix}1\\2\\3\end{pmatrix}$ とするとき，f の行列を求めよ．

7.3 直交補空間*

直交補空間 V を $\boldsymbol{R}^n$ の部分空間とする．V のすべてのベクトルと直交する $\boldsymbol{R}^n$ のベクトル全体の集合を $V^\perp$ で表し，これを V の**直交補空間**という．すなわち

$$V^\perp = \{\boldsymbol{a} \in \boldsymbol{R}^n \mid \text{すべての } \boldsymbol{v} \in V \text{ に対して，} (\boldsymbol{a}, \boldsymbol{v}) = 0\}. \tag{7.10}$$

明らかに $\boldsymbol{o} \in V^\perp$ である．$(\boldsymbol{a}, \boldsymbol{v}) = (\boldsymbol{b}, \boldsymbol{v}) = 0$ のとき，内積の性質(2),(3)より $(\boldsymbol{a}+\boldsymbol{b}, \boldsymbol{v}) = 0$，また $(k\boldsymbol{a}, \boldsymbol{v}) = 0$（$k$ はスカラー）であるので，$V^\perp$ は $\boldsymbol{R}^n$ の部分空間になる．

例 7.5 $\boldsymbol{a} = \begin{pmatrix} 1 \\ -2 \\ 1 \end{pmatrix}$ の生成する $\boldsymbol{R}^3$ の部分空間を V とする．このとき

$$\boldsymbol{x} \in V^\perp \iff (\boldsymbol{a}, \boldsymbol{x}) = 0$$

であるので，$V^\perp$ は 1 次方程式 ${}^t\boldsymbol{a}\boldsymbol{x} = 0$ の解空間である．すなわち

$$V^\perp = \left\{ \begin{pmatrix} x \\ y \\ z \end{pmatrix} \in \boldsymbol{R}^3 \;\middle|\; x-2y+z = 0 \right\}$$

$$= \left\{ \begin{pmatrix} 2y-z \\ y \\ z \end{pmatrix} \in \boldsymbol{R}^3 \;\middle|\; y, z \in \boldsymbol{R} \right\} = \left\langle \begin{pmatrix} 2 \\ 1 \\ 0 \end{pmatrix}, \begin{pmatrix} -1 \\ 0 \\ 1 \end{pmatrix} \right\rangle.$$ ▒

定理 7.7 V を $\boldsymbol{R}^n$ の部分空間とするとき，次が成り立つ．

$$\boldsymbol{R}^n = V \oplus V^\perp.$$

証明 $\boldsymbol{a} \in V \cap V^\perp$ とすると，$(\boldsymbol{a}, \boldsymbol{a}) = 0$ より $\boldsymbol{a} = \boldsymbol{o}$．したがって，$V \cap V^\perp = \{\boldsymbol{o}\}$．以下，$\boldsymbol{R}^n$ の任意のベクトル $\boldsymbol{a}$ が $\boldsymbol{a} \in V + V^\perp$ であることを示せば定理は証明されたことになる．明らかに $\boldsymbol{a} \notin V$ としてよい．

$\{\boldsymbol{u}_1, \cdots, \boldsymbol{u}_r\}$ を V の正規直交基底とする（$r = \dim V$）．$\boldsymbol{a} \notin \langle \boldsymbol{u}_1, \cdots, \boldsymbol{u}_r \rangle$ であるから，定理 5.1 より $\boldsymbol{a}, \boldsymbol{u}_1, \cdots, \boldsymbol{u}_r$ は 1 次独立である．定理 7.3 から，(7.9) の

$$\boldsymbol{b} = \boldsymbol{a} - (\boldsymbol{a}, \boldsymbol{u}_1)\boldsymbol{u}_1 - \cdots - (\boldsymbol{a}, \boldsymbol{u}_r)\boldsymbol{u}_r$$

は $\boldsymbol{b} \perp \boldsymbol{u}_j$ $(1 \leqq j \leqq r)$ であるので $\boldsymbol{b} \in V^\perp$ がわかる．したがって，

$$\boldsymbol{a} = \{(\boldsymbol{a}, \boldsymbol{u}_1)\boldsymbol{u}_1 + \cdots + (\boldsymbol{a}, \boldsymbol{u}_r)\boldsymbol{u}_r\} + \boldsymbol{b} \in V + V^\perp.$$ ▒

系 7.8　V を $\boldsymbol{R}^n$ の部分空間とするとき，次が成り立つ．

$$(V^\perp)^\perp = V.$$

証明　定理 7.7 の $\boldsymbol{R}^n = V \oplus V^\perp$ において，V として $V^\perp$ を考えれば，$\boldsymbol{R}^n = V^\perp \oplus (V^\perp)^\perp$ となる．定理 5.14 より $\dim(V^\perp)^\perp = n - \dim V^\perp = \dim V$ であり，$V \subset (V^\perp)^\perp$ がいえるので系 5.7 から $V = (V^\perp)^\perp$ である． ■

正射影　$\boldsymbol{R}^n$ の部分空間 V に対して $\boldsymbol{R}^n = V \oplus V^\perp$ であるので $\boldsymbol{R}^n$ の任意のベクトル $\boldsymbol{a}$ は

$$\boldsymbol{a} = \boldsymbol{a}_V + \boldsymbol{a}_\perp \quad (\boldsymbol{a}_V \in V,\ \boldsymbol{a}_\perp \in V^\perp)$$

と一意的に表される．$\boldsymbol{a}_V$ を $\boldsymbol{a}$ の V への**正射影**という．V の正規直交基底 $\{\boldsymbol{u}_1, \cdots, \boldsymbol{u}_r\}$ が与えられているとき，定理 7.7 の証明の最後でみたように

$$\boldsymbol{a}_V = (\boldsymbol{a}, \boldsymbol{u}_1)\boldsymbol{u}_1 + \cdots + (\boldsymbol{a}, \boldsymbol{u}_r)\boldsymbol{u}_r \tag{7.11}$$

となっている．また，V の任意のベクトル $\boldsymbol{v}$ に対して $(\boldsymbol{v} - \boldsymbol{a}_V) \perp \boldsymbol{a}_\perp$ よりピタゴラスの定理から

$$\|\boldsymbol{v} - \boldsymbol{a}\|^2 = \|\boldsymbol{v} - \boldsymbol{a}_V - \boldsymbol{a}_\perp\|^2 = \|\boldsymbol{v} - \boldsymbol{a}_V\|^2 + \|-\boldsymbol{a}_\perp\|^2 \geqq \|\boldsymbol{a}_\perp\|^2$$

であるので，次が成り立つ．

$$\|\boldsymbol{v} - \boldsymbol{a}\| \geqq \|\boldsymbol{a}_\perp\| \quad (\text{等号は } \boldsymbol{v} = \boldsymbol{a}_V \text{ のとき成立}). \tag{7.12}$$

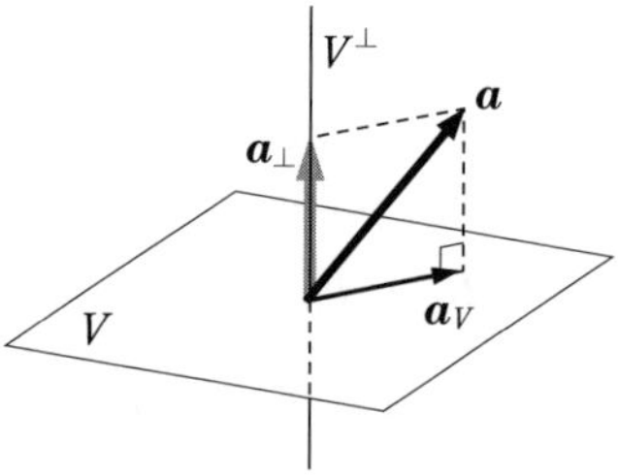

例 7.6　$\boldsymbol{R}^3$ において正規直交系 $\boldsymbol{u}_1 = \dfrac{1}{\sqrt{2}}\begin{pmatrix} 1 \\ 0 \\ -1 \end{pmatrix}$，$\boldsymbol{u}_2 = \dfrac{1}{\sqrt{6}}\begin{pmatrix} 1 \\ -2 \\ 1 \end{pmatrix}$ の生成

する部分空間を V とするとき，$\boldsymbol{a}=\begin{pmatrix}3\\0\\0\end{pmatrix}$ の V への正射影 $\boldsymbol{a}_V$ を求めると，

$$\begin{aligned}\boldsymbol{a}_V &= (\boldsymbol{a}, \boldsymbol{u}_1)\boldsymbol{u}_1+(\boldsymbol{a}, \boldsymbol{u}_2)\boldsymbol{u}_2\\ &= \frac{3}{\sqrt{2}}\cdot\frac{1}{\sqrt{2}}\begin{pmatrix}1\\0\\-1\end{pmatrix}+\frac{3}{\sqrt{6}}\cdot\frac{1}{\sqrt{6}}\begin{pmatrix}1\\-2\\1\end{pmatrix}=\begin{pmatrix}2\\-1\\-1\end{pmatrix}.\end{aligned}$$

また，$\|\boldsymbol{v}-\boldsymbol{a}\|$（$\boldsymbol{v}\in V$）の最小値は $\|\boldsymbol{a}_\perp\|=\|\boldsymbol{a}-\boldsymbol{a}_V\|=\left\|\begin{pmatrix}1\\1\\1\end{pmatrix}\right\|=\sqrt{3}$. ▮

例 7.7（最小 2 乗法） 連立 1 次方程式 $A\boldsymbol{x}=\boldsymbol{b}$ が解をもたないとき，誤差 $\|A\boldsymbol{x}-\boldsymbol{b}\|$ が最小となる $\boldsymbol{x}=\boldsymbol{x}_0$ を考えよう．$\boldsymbol{x}_0$ を $A\boldsymbol{x}=\boldsymbol{b}$ の**最小 2 乗解**といい，そのような $\boldsymbol{x}_0$ を求める方法を**最小 2 乗法**という．

$n\times m$ 行列 A の列ベクトルを $\boldsymbol{a}_1, \cdots, \boldsymbol{a}_m$ として，$V=\langle\boldsymbol{a}_1, \cdots, \boldsymbol{a}_m\rangle$ とする．$\boldsymbol{b}\in\boldsymbol{R}^n$ を $\boldsymbol{b}=\boldsymbol{b}_V+\boldsymbol{b}_\perp$（$\boldsymbol{b}_V\in V$，$\boldsymbol{b}_\perp\in V^\perp$）と表したとき，定理6.4より $V=\{A\boldsymbol{x}\mid\boldsymbol{x}\in\boldsymbol{R}^m\}$ なので

$$A\boldsymbol{x}=\boldsymbol{b}_V \tag{7.13}$$

は解をもつが，(7.12) より $A\boldsymbol{x}=\boldsymbol{b}_V$ のときに $\|A\boldsymbol{x}-\boldsymbol{b}\|$ は最小値 $\|\boldsymbol{b}_\perp\|$ をとることがわかる．すなわち，(7.13) の解 $\boldsymbol{x}$ が $A\boldsymbol{x}=\boldsymbol{b}$ の最小 2 乗解を与えている．

$A\boldsymbol{x}-\boldsymbol{b}=A\boldsymbol{x}-\boldsymbol{b}_V-\boldsymbol{b}_\perp\in V^\perp$ であることと $A\boldsymbol{x}-\boldsymbol{b}_V=\boldsymbol{o}$ は同値であるので，$\boldsymbol{x}$ が (7.13) の解であることは任意の $\boldsymbol{y}\in\boldsymbol{R}^m$ に対して

$$(A\boldsymbol{y}, A\boldsymbol{x}-\boldsymbol{b})=(\boldsymbol{y}, {}^tA(A\boldsymbol{x}-\boldsymbol{b}))=0$$

であることと同値となる．$(\boldsymbol{R}^m)^\perp=\{\boldsymbol{o}\}$ であるので，これは $\boldsymbol{x}$ が ${}^tA(A\boldsymbol{x}-\boldsymbol{b})=\boldsymbol{o}$ すなわち

$${}^tAA\boldsymbol{x}={}^tA\boldsymbol{b} \tag{7.14}$$

の解であることとも同値であることを表している．(7.14) は $A\boldsymbol{x}=\boldsymbol{b}$ の**正規方程式**と呼ばれている． ▮

問　題

7.13 $\boldsymbol{R}^4$ において，$\boldsymbol{a}_1 = \begin{pmatrix} 1 \\ -2 \\ -3 \\ 1 \end{pmatrix}$，$\boldsymbol{a}_2 = \begin{pmatrix} 2 \\ -3 \\ -5 \\ 1 \end{pmatrix}$，$\boldsymbol{a}_3 = \begin{pmatrix} 1 \\ 0 \\ 2 \\ 2 \end{pmatrix}$ とするとき，次の部分空間の直交補空間の 1 組の基底を求めよ．

（1）$\langle \boldsymbol{a}_1 \rangle$　（2）$\langle \boldsymbol{a}_1, \boldsymbol{a}_2 \rangle$　（3）$\langle \boldsymbol{a}_1, \boldsymbol{a}_2, \boldsymbol{a}_3 \rangle$　（4）$\langle \boldsymbol{a}_1 \rangle^{\perp} \cap \langle \boldsymbol{a}_1, \boldsymbol{a}_2 \rangle$

7.14 $\boldsymbol{R}^n$ の部分空間 V, W に対して次を示せ．

（1）$(V+W)^{\perp} = V^{\perp} \cap W^{\perp}$

（2）$(V \cap W)^{\perp} = V^{\perp} + W^{\perp}$

7.15 問題 7.13 の $\boldsymbol{a}_1, \boldsymbol{a}_2$ が生成する $\boldsymbol{R}^4$ の部分空間を V とするとき，

$\boldsymbol{a} = \begin{pmatrix} 1 \\ 1 \\ 1 \\ 1 \end{pmatrix}$ の V への正射影 $\boldsymbol{a}_V$ を求めよ．

7.16 $x = a_1, x = a_2, \cdots, x = a_n$ を連立 1 次方程式とみたときの最小 2 乗解は何になるか．

7.17 正規方程式により次の連立 1 次方程式の最小 2 乗解を求めよ．

（1）$\begin{cases} x = 2 \\ y = 1 \\ x+y = 4 \end{cases}$　（2）$\begin{cases} x+y-\ z = 1 \\ x-y-\ z = -1 \\ 3x+y-3z = 0 \end{cases}$

補足　複 素 内 積*

前章までは複素数成分の行列やベクトルを対象としても支障なく，実数成分のときと同様の結果が成り立っているが，内積については，(7.1) の定義のままでは理論展開に必要な性質 $(\boldsymbol{a}, \boldsymbol{a}) \geqq 0$ がみたされない．この性質を保つような $\boldsymbol{C}^n$ における内積を $\boldsymbol{R}^n$ の内積の拡張になっているように定義しよう．

複素数 $\lambda = a+ib$ $(a, b \in \boldsymbol{R}, i = \sqrt{-1})$ に対し，λ の共役複素数 $a-ib$ を $\bar{\lambda}$ で表す．$\lambda\bar{\lambda} = a^2+b^2 \geqq 0$ であるので λ の絶対値 $|\lambda|$ が $|\lambda| = \sqrt{\lambda\bar{\lambda}}$ で定義される．複素行列 $A = (a_{ij})$ に対して，各成分の a_{ij} を $\overline{a_{ij}}$ にした行列 $(\overline{a_{ij}})$ を $\bar{A}$ で表す．共役複素数について

$$\overline{\alpha+\beta} = \overline{\alpha}+\overline{\beta},\ \overline{\alpha\beta} = \overline{\alpha}\,\overline{\beta}$$

が成り立つので，和，積が定義される行列 A, B に対して

$$\overline{A+B} = \overline{A}+\overline{B},\ \overline{AB} = \overline{A}\,\overline{B}$$

が成り立つ．

$\boldsymbol{C}^n$ の 2 つのベクトル $\boldsymbol{a} = \begin{pmatrix} \alpha_1 \\ \vdots \\ \alpha_n \end{pmatrix}, \boldsymbol{b} = \begin{pmatrix} \beta_1 \\ \vdots \\ \beta_n \end{pmatrix}$ に対して複素数値

$$(\boldsymbol{a}, \boldsymbol{b}) = \alpha_1\overline{\beta_1}+\cdots+\alpha_n\overline{\beta_n} = {}^t\boldsymbol{a}\overline{\boldsymbol{b}} \tag{7.15}$$

を $\boldsymbol{a}$ と $\boldsymbol{b}$ の**複素内積**という．

複素内積も $\boldsymbol{R}^n$ の内積とほぼ同じ次のような性質をもつ（(1′)，(3′) が異なる）．

(1′) $(\boldsymbol{a}, \boldsymbol{b}) = \overline{(\boldsymbol{b}, \boldsymbol{a})}$

(2′) $(\boldsymbol{a}+\boldsymbol{b}, \boldsymbol{c}) = (\boldsymbol{a}, \boldsymbol{c})+(\boldsymbol{b}, \boldsymbol{c})$

(3′) $(\lambda\boldsymbol{a}, \boldsymbol{b}) = \lambda(\boldsymbol{a}, \boldsymbol{b}),\ (\boldsymbol{a}, \lambda\boldsymbol{b}) = \overline{\lambda}(\boldsymbol{a}, \boldsymbol{b})\quad (\lambda \in \boldsymbol{C})$

(4′) $(\boldsymbol{a}, \boldsymbol{a}) \geqq 0$，等号成立は $\boldsymbol{a} = \boldsymbol{o}$ のときに限る．

これより，$\boldsymbol{C}^n$ のベクトル $\boldsymbol{a} = \begin{pmatrix} \alpha_1 \\ \vdots \\ \alpha_n \end{pmatrix}$ に対しても長さ $\|\boldsymbol{a}\|$ が

$$\|\boldsymbol{a}\| = \sqrt{(\boldsymbol{a}, \boldsymbol{a})} = \sqrt{|\alpha_1|^2+\cdots+|\alpha_n|^2}$$

により定義され，定理 7.1 の証明と同様$\left(k = -\dfrac{\overline{(\boldsymbol{a}, \boldsymbol{b})}}{\|\boldsymbol{a}\|^2}\ \text{とおく}\right)$にすれば，シュワルツの不等式と三角不等式が $\boldsymbol{C}^n$ においても成り立つことがわかる．またシュミットの直交化法を用いて，1 次独立系から正規直交系を $\boldsymbol{R}^n$ のときと全く同様に構成することができる．

n 次複素行列 A と $\boldsymbol{x}, \boldsymbol{y} \in \boldsymbol{C}^n$ に対して

$$(A\boldsymbol{x}, \boldsymbol{y}) = {}^t(A\boldsymbol{x})\overline{\boldsymbol{y}} = {}^t\boldsymbol{x}\,{}^tA\overline{\boldsymbol{y}} = {}^t\boldsymbol{x}\,\overline{\overline{{}^tA}\,\boldsymbol{y}} = (\boldsymbol{x}, \overline{{}^tA}\boldsymbol{y})$$

が成り立つ．$\overline{{}^tA}$ を A の**随伴行列**または**共役転置行列**と呼び，A^* で表す．この章で述べた定理 7.1 から系 7.8 の結果は，$\boldsymbol{C}^n$ においても内積として複素内

積をとり ${}^tA$ を A^* に替えれば，すべて成り立つことがわかる．とくに $\boldsymbol{C}^n$ の等長変換の行列 U（$\|U\boldsymbol{x}\| = \|\boldsymbol{x}\|$）は

$$U^*U = UU^* = E_n$$

をみたす複素行列であり，ユニタリ行列と呼ばれる．

8

行列の対角化

8.1 固有値と固有ベクトル

固有値 n 次正方行列 A に対して，スカラー（一般には複素数）λ と $\boldsymbol{C}^n$ のベクトル $\boldsymbol{x}$ が

$$A\boldsymbol{x} = \lambda\boldsymbol{x}, \quad \boldsymbol{x} \neq \boldsymbol{o} \tag{8.1}$$

をみたすとき，λ を A の**固有値**，$\boldsymbol{x}$ を λ に対する（または λ の）**固有ベクトル**という．

例 8.1 $A = \begin{pmatrix} 1 & 0 & 0 \\ 2 & 0 & -1 \\ 3 & 1 & 0 \end{pmatrix}$ に対して

$$A\begin{pmatrix} 2 \\ -1 \\ 5 \end{pmatrix} = \begin{pmatrix} 2 \\ -1 \\ 5 \end{pmatrix}, \quad A\begin{pmatrix} 0 \\ i \\ 1 \end{pmatrix} = i\begin{pmatrix} 0 \\ i \\ 1 \end{pmatrix}, \quad A\begin{pmatrix} 0 \\ -i \\ 1 \end{pmatrix} = -i\begin{pmatrix} 0 \\ -i \\ 1 \end{pmatrix}$$

であるので（$i = \sqrt{-1}$），$1, i, -i$ は A の固有値であり，$\begin{pmatrix} 2 \\ -1 \\ 5 \end{pmatrix}, \begin{pmatrix} 0 \\ i \\ 1 \end{pmatrix}, \begin{pmatrix} 0 \\ -i \\ 1 \end{pmatrix}$

はそれぞれの固有値に対する固有ベクトルである． ■

注意 8.1 上の例のように，実行列であっても固有値が実数でないことがある．このときには，対する固有ベクトルを $\boldsymbol{C}^n$ の範囲まで広げる必要がある．一方，固有値が実数のときには対する固有ベクトルを実ベクトルでとることができる．よって，すべての固有値が実数のときには，以後の話での $\boldsymbol{C}^n$ のかわりに $\boldsymbol{R}^n$ の中で考えることもできる．

n 次正方行列 $A=(a_{ij})$ の固有値を求めるには，次の t の n 次多項式が必要になる．

$$|A-tE| = \begin{vmatrix} a_{11}-t & a_{12} & \cdots & a_{1n} \\ a_{21} & a_{22}-t & \cdots & a_{2n} \\ \vdots & \vdots & \ddots & \vdots \\ a_{n1} & a_{n2} & \cdots & a_{nn}-t \end{vmatrix} \tag{8.2}$$

を A の**固有多項式**または**特性多項式**といい，$\varphi_A(t)$ で表す．また，$\varphi_A(t)=0$ とおいた方程式を A の**固有方程式**または**特性方程式**という．

> **定理 8.1** n 次正方行列 A について，次が成り立つ．
>
> λ は A の固有値 $\Longleftrightarrow$ λ は $\varphi_A(t)=0$ の解．

証明 λ が A の固有値であることは

$$A\boldsymbol{x} = \lambda\boldsymbol{x} \quad \text{すなわち} \quad A\boldsymbol{x}-\lambda\boldsymbol{x} = (A-\lambda E)\boldsymbol{x} = \boldsymbol{o}$$

が自明でない解 $\boldsymbol{x}$ をもつことである．このことは，定理 4.10（これは $\boldsymbol{C}$ 上でも成り立つ）より，$|A-\lambda E|=0$ と同値である． ■

n 次正方行列 A の固有多項式 $\varphi_A(t)=0$ は代数学の基本定理によれば，重複度を込めて（複素数の範囲で）n 個の解をもつ．A の相異なる固有値を $\lambda_1, \lambda_2, \cdots, \lambda_r$ とすると

$$\varphi_A(t) = (\lambda_1-t)^{m_1}(\lambda_2-t)^{m_2}\cdots(\lambda_r-t)^{m_r}$$

の形に因数分解されるが，このときそれぞれの m_i を固有値 λ_i の**重複度**という．したがって，A の固有値は重複度を込めて n 個存在する．

注意 8.2 P が正則行列のとき，A と $P^{-1}AP$ は同じ固有多項式をもち，とくに固有値も重複度を込めて一致する．実際

$$\begin{aligned}\varphi_{P^{-1}AP}(t) &= |P^{-1}AP-tE| = |P^{-1}(A-tE)P| \\ &= |P^{-1}|\,|A-tE|\,|P| = |A-tE| = \varphi_A(t).\end{aligned}$$

A の固有値と固有ベクトルを求めるには，次の (i), (ii) を行えばよい．

(i) $\varphi_A(t)=0$ の解を求める．それらが A の固有値である．

(ii) それぞれの固有値 λ に対して，同次連立 1 次方程式 $(A-\lambda E)\boldsymbol{x}=\boldsymbol{o}$ を解く．その解 $\boldsymbol{x}$ $(\neq \boldsymbol{o})$ が固有値 λ に対する固有ベクトルになってい

る．

例 8.2 $A = \begin{pmatrix} 5 & 2 \\ -3 & 0 \end{pmatrix}$ の固有値と固有ベクトルを求めよう．

A の固有多項式は

$$|A-tE| = \begin{vmatrix} 5-t & 2 \\ -3 & -t \end{vmatrix} = t^2-5t+6 = (t-3)(t-2)$$

より，A の固有値は 3, 2 である．3 に対する固有ベクトル $\boldsymbol{x}$ は

$$(A-3E)\boldsymbol{x} = \begin{pmatrix} 2 & 2 \\ -3 & -3 \end{pmatrix}\begin{pmatrix} x \\ y \end{pmatrix} = \begin{pmatrix} 0 \\ 0 \end{pmatrix}$$

の解であり，$x+y=0$ より

$$\boldsymbol{x} = c\begin{pmatrix} -1 \\ 1 \end{pmatrix} \quad (c \text{ は任意の数} (\neq 0)).$$

2 に対する固有ベクトル $\boldsymbol{x}$ は

$$(A-2E)\boldsymbol{x} = \begin{pmatrix} 3 & 2 \\ -3 & -2 \end{pmatrix}\begin{pmatrix} x \\ y \end{pmatrix} = \begin{pmatrix} 0 \\ 0 \end{pmatrix}$$

の解であり，$3x+2y=0$ より $y=3c$（c：任意）とおくと $x=-2c$ なので

$$\boldsymbol{x} = c\begin{pmatrix} -2 \\ 3 \end{pmatrix} \quad (c \text{ は任意の数} (\neq 0)).$$

▒

▒ 固有空間 ▒　n 次正方行列 A の固有値 λ に対して，その固有ベクトル $\boldsymbol{x}$ 全体と $\boldsymbol{o}$ をあわせた集合

$$V(\lambda) = \{\boldsymbol{x} \in \boldsymbol{C}^n \mid (A-\lambda E)\boldsymbol{x} = \boldsymbol{o}\} \tag{8.3}$$

を固有値 λ の**固有空間**という．$V(\lambda) = \mathrm{Ker}\, f_{A-\lambda E}$ であるので，$V(\lambda)$ は $\boldsymbol{C}^n$ の部分空間であり，次元定理から

$$\dim V(\lambda) = n - \mathrm{rank}\,(A-\lambda E) \tag{8.4}$$

である．また定理 8.2 でみるように，一般に $\dim V(\lambda) \leqq$（λ の重複度）である．

例題 8.1　次の行列 A の固有値と固有空間を求めよ．

$$A=\begin{pmatrix}4 & 6 & -6\\ 1 & 3 & -2\\ 2 & 4 & -3\end{pmatrix}.$$

解　A の固有多項式は

$$|A-tE|=\begin{vmatrix}4-t & 6 & -6\\ 1 & 3-t & -2\\ 2 & 4 & -3-t\end{vmatrix}\underset{③+②\times(-2)}{=}\begin{vmatrix}4-t & 6 & -6\\ 1 & 3-t & -2\\ 0 & 2t-2 & 1-t\end{vmatrix}$$

$$\underset{\boxed{2}+\boxed{3}\times 2}{=}\begin{vmatrix}4-t & -6 & -6\\ 1 & -1-t & -2\\ 0 & 0 & 1-t\end{vmatrix}=(1-t)\begin{vmatrix}4-t & -6\\ 1 & -1-t\end{vmatrix}$$

$$=(1-t)(t^2-3t+2)=-(t-1)^2(t-2)$$

より，A の固有値は $2, 1$（重複度 2）である．

2 に対する固有ベクトル $\boldsymbol{x}$ は

$$(A-2E)\boldsymbol{x}=\begin{pmatrix}2 & 6 & -6\\ 1 & 1 & -2\\ 2 & 4 & -5\end{pmatrix}\begin{pmatrix}x\\ y\\ z\end{pmatrix}=\begin{pmatrix}0\\ 0\\ 0\end{pmatrix}$$

の解より，これをはき出し法で解く．行基本変形 ①×(1/2) を行っておいて

$$\left(\begin{array}{ccc:c}1 & 3 & -3 & 0\\ 1 & 1 & -2 & 0\\ 2 & 4 & -5 & 0\end{array}\right)\xrightarrow[\substack{②+①\times(-1)\\ ③+①\times(-2)}]{}\left(\begin{array}{ccc:c}1 & 3 & -3 & 0\\ 0 & -2 & 1 & 0\\ 0 & -2 & 1 & 0\end{array}\right)$$

$$\xrightarrow[\substack{①+②\times(3/2)\\ ③+②\times(-1)}]{}\left(\begin{array}{ccc:c}1 & 0 & -\frac{3}{2} & 0\\ 0 & -2 & 1 & 0\\ 0 & 0 & 0 & 0\end{array}\right)$$

これより，$x=\dfrac{3}{2}z$，$2y=z$ である．$y=c$（任意）とおくと，$z=2c$，$x=3c$．したがって

$$V(2)=\left\{\begin{pmatrix}3c\\c\\2c\end{pmatrix}\middle|\, c\text{ は任意}\right\}=\left\langle\!\!\left\langle\begin{pmatrix}3\\1\\2\end{pmatrix}\right\rangle\!\!\right\rangle.$$

1 の固有ベクトル $\boldsymbol{x}$ は

$$(A-E)\boldsymbol{x}=\begin{pmatrix}3&6&-6\\1&2&-2\\2&4&-4\end{pmatrix}\begin{pmatrix}x\\y\\z\end{pmatrix}=\begin{pmatrix}0\\0\\0\end{pmatrix}$$

の解であり，$x+2y-2z=0$ より $y=c$（任意），$z=d$（任意）とおくと $x=-2c+2d$．したがって

$$V(1)=\left\{\begin{pmatrix}-2c+2d\\c\\d\end{pmatrix}\middle|\, c,d\text{ は任意}\right\}=\left\{c\begin{pmatrix}-2\\1\\0\end{pmatrix}+d\begin{pmatrix}2\\0\\1\end{pmatrix}\middle|\, c,d\text{ は任意}\right\}$$

$$=\left\langle\!\!\left\langle\begin{pmatrix}-2\\1\\0\end{pmatrix},\begin{pmatrix}2\\0\\1\end{pmatrix}\right\rangle\!\!\right\rangle.$$

▨

定理 8.2　n 次正方行列 A の固有値 λ の重複度を m とするとき

$$1\leqq \dim V(\lambda)\leqq m$$

である．とくに，λ の重複度が 1 のとき，$\dim V(\lambda)=1$ である．

証明*　$V(\lambda)\neq\{\boldsymbol{o}\}$ より $1\leqq\dim V(\lambda)$ は明らかである．

$V(\lambda)$ の基底を $\{\boldsymbol{p}_1,\cdots,\boldsymbol{p}_d\}$（$d=\dim V(\lambda)$）とする．これに $n-d$ 個のベクトル $\boldsymbol{p}_{d+1},\cdots,\boldsymbol{p}_n$ を補充して $\{\boldsymbol{p}_1,\cdots,\boldsymbol{p}_n\}$ を $\boldsymbol{C}^n$ の基底とする．$P=(\boldsymbol{p}_1\ \cdots\ \boldsymbol{p}_n)$ とおくと，系 5.10 より P は正則行列である．$A\boldsymbol{p}_i=\lambda\boldsymbol{p}_i$（$1\leqq i\leqq d$）であるので

$$AP=(A\boldsymbol{p}_1\ \cdots\ A\boldsymbol{p}_n)=(\lambda\boldsymbol{p}_1\ \cdots\ \lambda\boldsymbol{p}_d\ \ A\boldsymbol{p}_{d+1}\ \cdots\ A\boldsymbol{p}_n)$$
$$=(\boldsymbol{p}_1\ \cdots\ \boldsymbol{p}_d\ \ \boldsymbol{p}_{d+1}\ \cdots\ \boldsymbol{p}_n)\begin{pmatrix}\lambda E_d&B\\O&C\end{pmatrix}$$

の形になる．$P^{-1}AP=\begin{pmatrix}\lambda E_d&B\\O&C\end{pmatrix}$ の固有多項式は定理 3.7 を使って

$$\varphi_{P^{-1}AP}(t)=\begin{vmatrix}(\lambda-t)E_d&B\\O&C-tE_{n-d}\end{vmatrix}=(\lambda-t)^d\varphi_C(t).$$

注意 8.2 より，これは $\varphi_A(t)$ と等しく，$\varphi_A(t)=(\lambda-t)^m g(t)$（$g(\lambda)\neq0$）と表され

るので，λ の重複度 m は d 以上である． ■

問　題

8.1　次の行列の固有値と固有空間を求めよ．

（1）$\begin{pmatrix} 1 & -9 \\ 1 & -5 \end{pmatrix}$　（2）$\begin{pmatrix} 0 & -3 & 2 \\ 2 & 5 & -2 \\ 5 & 9 & -3 \end{pmatrix}$　（3）$\begin{pmatrix} 5 & -2 & -4 \\ 0 & 3 & 0 \\ 2 & -2 & -1 \end{pmatrix}$

（4）$\begin{pmatrix} 6 & -1 & 2 \\ 7 & 0 & 3 \\ -4 & 1 & 0 \end{pmatrix}$　（5）$\begin{pmatrix} -2 & 0 & 1 \\ 1 & -3 & 1 \\ -1 & 0 & -4 \end{pmatrix}$

8.2　3 次正方行列 $A = (a_{ij})$ の固有多項式は

$$\varphi_A(t) = -t^3+(a_{11}+a_{22}+a_{33})t^2-(\widetilde{a_{11}}+\widetilde{a_{22}}+\widetilde{a_{33}})t+|A|$$

であることを示せ（$\widetilde{a_{ii}}$ は a_{ii} の余因子）．

8.3　n 次正方行列 $A = (a_{ij})$ の固有多項式 $\varphi_A(t)$ において，定数項は $|A|$ であり，A の（重複を込めて）固有値すべての積に等しく，t^{n-1} の係数は $(-1)^{n-1}(a_{11}+a_{22}+\cdots+a_{nn})$ であることを示せ．

8.4　n 次正方行列 A について，次を示せ．

（1）A の固有多項式と ${}^tA$ の固有多項式は等しい．（したがって，A の固有値全体と ${}^tA$ の固有値全体は一致する．）

（2）A：正則 $\Longleftrightarrow$ A は 0 を固有値にもたない．

（3）$A^2 = E$ のとき，A の固有値は 1 または -1 である．

（4）ある自然数 k に対して $A^k = O$ のとき，A の固有値は 0 だけである．

8.2　行列の対角化

対角行列は，簡単で扱いやすい行列の 1 つである．正方行列 A を，もしある正則行列 P によって $D = P^{-1}AP$ が対角行列になるようにすることができるとき，A は**対角化可能**であるといい，対角行列 $P^{-1}AP$ を求めることを P による**対角化**という．このとき A も扱いやすい行列になる．たとえばべき乗の計算において，D^n は容易であるので

$$A^n = (PDP^{-1})^n = (PDP^{-1})(PDP^{-1})\cdots(PDP^{-1}) = PD^nP^{-1}$$

も容易に計算できる．

$P = (\boldsymbol{p}_1 \quad \boldsymbol{p}_2 \quad \cdots \quad \boldsymbol{p}_n)$ を n 次正則行列 P の列ベクトル表示とし

$$P^{-1}AP = D = \begin{pmatrix} \lambda_1 & & & O \\ & \lambda_2 & & \\ & & \ddots & \\ O & & & \lambda_n \end{pmatrix} \tag{8.5}$$

となったとしよう．系 5.10 から $\{\boldsymbol{p}_1, \cdots, \boldsymbol{p}_n\}$ は $\boldsymbol{C}^n$ の基底であるが，このとき $AP = PD$ より

$$A(\boldsymbol{p}_1 \quad \cdots \quad \boldsymbol{p}_n) = (\boldsymbol{p}_1 \quad \cdots \quad \boldsymbol{p}_n)\begin{pmatrix} \lambda_1 & & O \\ & \ddots & \\ O & & \lambda_n \end{pmatrix} = (\lambda_1\boldsymbol{p}_1 \quad \cdots \quad \lambda_n\boldsymbol{p}_n).$$

すなわち $A\boldsymbol{p}_i = \lambda_i\boldsymbol{p}_i$ $(1 \leqq i \leqq n)$ であり，λ_i は A の固有値，$\boldsymbol{p}_i$ はその固有ベクトルである．

これを逆にたどれば，$\boldsymbol{C}^n$ が A の固有ベクトルからなる基底 $\{\boldsymbol{p}_1, \cdots, \boldsymbol{p}_n\}$ をもつとき，$P = (\boldsymbol{p}_1 \quad \cdots \quad \boldsymbol{p}_n)$ により $P^{-1}AP$ は対角行列となる．したがって，次の定理を得る．

定理 8.3 n 次正方行列 A が対角化可能であるための必要十分条件は，A の固有ベクトルからなる $\boldsymbol{C}^n$ の基底 $\{\boldsymbol{p}_1, \cdots, \boldsymbol{p}_n\}$ が存在することである．このとき，

$$P = (\boldsymbol{p}_1 \quad \cdots \quad \boldsymbol{p}_n), \quad A\boldsymbol{p}_i = \lambda_i\boldsymbol{p}_i \quad (1 \leqq i \leqq n)$$

とすると

$$P^{-1}AP = \begin{pmatrix} \lambda_1 & & O \\ & \ddots & \\ O & & \lambda_n \end{pmatrix}$$

となる．

例 8.3 例 8.2 の行列 $A = \begin{pmatrix} 5 & 2 \\ -3 & 0 \end{pmatrix}$ の固有値は $\lambda_1 = 3$，$\lambda_2 = 2$ であり，その固有ベクトルとして $\boldsymbol{p}_1 = \begin{pmatrix} -1 \\ 1 \end{pmatrix}$，$\boldsymbol{p}_2 = \begin{pmatrix} -2 \\ 3 \end{pmatrix}$ がとれた．このとき，$P = (\boldsymbol{p}_1$

$\boldsymbol{p}_2) = \begin{pmatrix} -1 & -2 \\ 1 & 3 \end{pmatrix}$ とすると P は正則であり，$AP = P\begin{pmatrix} 3 & 0 \\ 0 & 2 \end{pmatrix}$ より $P^{-1}AP = \begin{pmatrix} 3 & 0 \\ 0 & 2 \end{pmatrix}$ となる． ▮

例 8.4　$A = \begin{pmatrix} 4 & 2 \\ -2 & 0 \end{pmatrix}$ とすると，$\varphi_A(t) = t^2-4t+4 = (t-2)^2$ であるので，A の固有値は 2（重複度 2）である．対する固有ベクトル $\boldsymbol{x}$ は

$$(A-2E)\boldsymbol{x} = \begin{pmatrix} 2 & 2 \\ -2 & -2 \end{pmatrix}\begin{pmatrix} x \\ y \end{pmatrix} = \begin{pmatrix} 0 \\ 0 \end{pmatrix}$$

の解であり，$x+y=0$ より $\boldsymbol{x} = c\begin{pmatrix} -1 \\ 1 \end{pmatrix}$（$c$ はスカラー）．1 次独立な 2 つの固有ベクトルがとれないので，A は対角化できないことになる． ▮

定理 8.3 より行列の対角化には，1 次独立な固有ベクトルを求めることが重要なことがわかるが，これに関して次のことが成り立つ．

> **定理 8.4**　正方行列 A の相異なる固有値を $\lambda_1, \cdots, \lambda_r$ とし，$\boldsymbol{x}_i$ を λ_i に対する固有ベクトルとする（$1 \leqq i \leqq r$）．このとき，$\boldsymbol{x}_1, \cdots, \boldsymbol{x}_r$ は 1 次独立である．

証明　$r=1$ のとき $\boldsymbol{x}_1 \neq \boldsymbol{o}$ より，$\boldsymbol{x}_1$ は 1 次独立である．r に関する帰納法で示すため，$\boldsymbol{x}_1, \cdots, \boldsymbol{x}_{r-1}$ は 1 次独立と仮定しよう．

$$k_1\boldsymbol{x}_1 + \cdots + k_{r-1}\boldsymbol{x}_{r-1} + k_r\boldsymbol{x}_r = \boldsymbol{o} \qquad (*)$$

とする．($*$) の両辺に左から A をかけると

$$k_1\lambda_1\boldsymbol{x}_1 + \cdots + k_{r-1}\lambda_{r-1}\boldsymbol{x}_{r-1} + k_r\lambda_r\boldsymbol{x}_r = \boldsymbol{o}. \qquad (**)$$

($**$)$-$($*$)$\times\lambda_r$ により

$$k_1(\lambda_1-\lambda_r)\boldsymbol{x}_1 + \cdots + k_{r-1}(\lambda_{r-1}-\lambda_r)\boldsymbol{x}_{r-1} = \boldsymbol{o}$$

となるが，$\boldsymbol{x}_1, \cdots, \boldsymbol{x}_{r-1}$ の 1 次独立性と $\lambda_i - \lambda_r \neq 0$ ($1 \leqq i \leqq r-1$) より $k_1 = \cdots = k_{r-1} = 0$ である．これと ($*$) より $k_r\boldsymbol{x}_r = \boldsymbol{o}$ となるので，$\boldsymbol{x}_r \neq \boldsymbol{o}$ から $k_r = 0$．したがって，$\boldsymbol{x}_1, \cdots, \boldsymbol{x}_r$ は 1 次独立である． ▮

定理 8.3，8.4 より次の有用な系を得る．

系 8.5 n 次正方行列 A が n 個の相異なる固有値をもてば，A は対角化可能である．

さらに詳しく，対角化可能性について次が成り立つ．

定理 8.6 n 次正方行列 A の相異なる固有値を $\lambda_1, \cdots, \lambda_r$ とし，λ_i の重複度を m_i とする $(1 \leqq i \leqq r)$．このとき，A が対角化可能であるための必要十分条件は

$$\dim V(\lambda_i) = m_i \quad (1 \leqq i \leqq r)$$

が成り立つことである．

証明* A を対角化可能とすると，定理 8.3 より固有ベクトルからなる $\boldsymbol{C}^n$ の基底 $\{\boldsymbol{p}_1, \cdots, \boldsymbol{p}_n\}$ が存在する．$\boldsymbol{p}_1, \cdots, \boldsymbol{p}_n$ のうち $V(\lambda_i)$ に属するものの個数を d_i とすると，定理 8.2 より

$$d_i \leqq \dim V(\lambda_i) \leqq m_i \quad (1 \leqq i \leqq r).$$

また $d_1+\cdots+d_r = m_1+\cdots+m_r = n$ であるので，各 i $(1 \leqq i \leqq r)$ に対して $d_i = m_i = \dim V(\lambda_i)$ である．

逆に，$\dim V(\lambda_i) = m_i$ $(1 \leqq i \leqq r)$ とする．各 $V(\lambda_i)$ の基底 $\{\boldsymbol{p}_1{}^{(i)}, \cdots, \boldsymbol{p}_{m_i}{}^{(i)}\}$ をとる．その 1 次結合

$$\boldsymbol{x}_i = k_1{}^{(i)}\boldsymbol{p}_1{}^{(i)}+\cdots+k_{m_i}{}^{(i)}\boldsymbol{p}_{m_i}{}^{(i)} \in V(\lambda_i) \quad (1 \leqq i \leqq r)$$

をとり，$\boldsymbol{x}_1+\cdots+\boldsymbol{x}_r = \boldsymbol{o}$ とする．このとき，定理 8.4 から $\boldsymbol{x}_1 = \cdots = \boldsymbol{x}_r = \boldsymbol{o}$．したがって，すべての i に対して $k_1{}^{(i)} = \cdots = k_{m_i}{}^{(i)} = 0$ となるので，$m_1+\cdots+m_r$ $(= n)$ 個のベクトル $\boldsymbol{p}_1{}^{(1)}, \cdots, \boldsymbol{p}_{m_1}{}^{(1)}, \cdots, \boldsymbol{p}_1{}^{(r)}, \cdots, \boldsymbol{p}_{m_r}{}^{(r)}$ は 1 次独立であり，$\boldsymbol{C}^n$ の基底をなす．定理 8.3 より A は対角化可能である． ■

例題 8.2 次の行列 A の対角化可能性を調べ，対角化可能のときはそれを対角化せよ．

(1) $A = \begin{pmatrix} 2 & 1 & -1 \\ 3 & 3 & -4 \\ 3 & 1 & -2 \end{pmatrix}$ (2) $A = \begin{pmatrix} 6 & -4 & 2 \\ 1 & 2 & 1 \\ -1 & 2 & 3 \end{pmatrix}$

解 (1) A の固有多項式は

$$|A-tE| = \begin{vmatrix} 2-t & 1 & -1 \\ 3 & 3-t & -4 \\ 3 & 1 & -2-t \end{vmatrix} = -(t-2)^2(t+1)$$

より，A の固有値は 2（重複度 2），-1 である．固有値 2 に対して，$A-2E$ を階段行列に変形すると，

$$A-2E = \begin{pmatrix} 0 & 1 & -1 \\ 3 & 1 & -4 \\ 3 & 1 & -4 \end{pmatrix} \longrightarrow \cdots \longrightarrow \begin{pmatrix} 1 & 0 & -1 \\ 0 & 1 & -1 \\ 0 & 0 & 0 \end{pmatrix}$$

であるので，rank $(A-2E) = 2$．したがって，(8.4) より $\dim V(2) = 3-2 = 1 \neq 2$ （2 の重複度）であるので，対角化可能でない．

（2） A の固有多項式は

$$|A-tE| = \begin{vmatrix} 6-t & -4 & 2 \\ 1 & 2-t & 1 \\ -1 & 2 & 3-t \end{vmatrix} = -(t-4)^2(t-3)$$

より，A の固有値は 4（重複度 2），3 である．固有値 4 に対して，$A-4E$ を階段行列に変形すると

$$A-4E = \begin{pmatrix} 2 & -4 & 2 \\ 1 & -2 & 1 \\ -1 & 2 & -1 \end{pmatrix} \longrightarrow \cdots \longrightarrow \begin{pmatrix} 1 & -2 & 1 \\ 0 & 0 & 0 \\ 0 & 0 & 0 \end{pmatrix}.$$

これより，$\dim V(4) = 3 - \text{rank}\,(A-4E) = 2$（4 の重複度）であり，

$$V(4) = \left\{ \begin{pmatrix} 2c-d \\ c \\ d \end{pmatrix} \middle| \; c, d \text{ は任意} \right\} = \left\langle \begin{pmatrix} 2 \\ 1 \\ 0 \end{pmatrix}, \begin{pmatrix} -1 \\ 0 \\ 1 \end{pmatrix} \right\rangle.$$

また，固有値 3 の重複度 1 から $\dim V(3) = 1$ であることはわかっているので，A は対角化可能である．$A-3E$ の階段行列への変形

$$A-3E = \begin{pmatrix} 3 & -4 & 2 \\ 1 & -1 & 1 \\ -1 & 2 & 0 \end{pmatrix} \longrightarrow \cdots \longrightarrow \begin{pmatrix} 1 & 0 & 2 \\ 0 & 1 & 1 \\ 0 & 0 & 0 \end{pmatrix}$$

から $(A-3E)\boldsymbol{x}=\boldsymbol{o}$ を解いて，$V(3)=\left\{\begin{pmatrix}-2c\\-c\\c\end{pmatrix}\middle|\ c \text{ は任意}\right\}=\left\langle\begin{pmatrix}-2\\-1\\1\end{pmatrix}\right\rangle$ となる．したがって，$V(4)$, $V(3)$ の基底を用いて

$$P=\begin{pmatrix}2&-1&-2\\1&0&-1\\0&1&1\end{pmatrix} \quad \text{とおけば} \quad P^{-1}AP=\begin{pmatrix}4&0&0\\0&4&0\\0&0&3\end{pmatrix}.$$

▮

問　題

8.5　次の行列で対角化可能なものは，適当な正則行列により対角化せよ．

（1）$\begin{pmatrix}2&1\\-2&5\end{pmatrix}$　（2）$\begin{pmatrix}13&-9\\16&-11\end{pmatrix}$　（3）$\begin{pmatrix}5&-3&-5\\-1&3&1\\1&-1&1\end{pmatrix}$

（4）$\begin{pmatrix}2&-2&3\\1&-3&7\\1&-3&6\end{pmatrix}$　（5）$\begin{pmatrix}1&-4&-4\\4&-7&-4\\-4&4&1\end{pmatrix}$

8.6　次の行列が対角化可能であるための条件を求めよ．

（1）$\begin{pmatrix}a&c\\0&b\end{pmatrix}$　（2）$\begin{pmatrix}a&c&e\\0&a&d\\0&0&b\end{pmatrix}$

8.7　n 次正方行列 A $(\neq O)$ がある自然数 k に対して $A^k=O$ となるとき，A は対角化できないことを示せ．

8.8　対角化を利用して，次の行列の n 乗を求めよ．

（1）$\begin{pmatrix}4&-2\\1&1\end{pmatrix}$　（2）$\begin{pmatrix}3&-4&-2\\2&-3&-2\\-4&8&5\end{pmatrix}$

8.9　対角化可能な正方行列 A の相異なる固有値の全体を $\alpha_1, \cdots, \alpha_r$ とするとき

$$(A-\alpha_1E)(A-\alpha_2E)\cdots(A-\alpha_rE)=O$$

となることを示せ．

8.10　$A=\begin{pmatrix}-1&3&1\\-3&5&1\\5&-7&-1\end{pmatrix}$ について次に答えよ．

（1）A の固有値を求めてから，多項式 t^n $(n \geqq 3)$ を A の固有多項式 $\varphi_A(t)$ で割った剰余（2 次式）を求めよ．

（2） 問題 8.9 を利用して，A^n ($n \geqq 3$) を求めよ．

8.11 $A = \begin{pmatrix} 11 & -12 \\ 8 & -9 \end{pmatrix}$ とする．A の対角化を利用して，$X^2-2X = A$ をみたす行列 X を1つ求めよ．

8.3 実対称行列の対角化

実行列の固有値は実数とは限らなかったが，実対称行列に関しては固有値はすべて実数になり，さらに直交行列によって対角化できることをこの節ではみてみよう．

> **定理 8.7** A を n 次実対称行列とする．A の固有値はすべて実数であり，対する固有ベクトルとして実ベクトルをとることができる．

証明 $\lambda = k+il$ ($k, l \in \boldsymbol{R}$, $i = \sqrt{-1}$) を A の固有値とし，対する固有ベクトルを $\boldsymbol{x} = \boldsymbol{a}+i\boldsymbol{b}$ ($\boldsymbol{a}, \boldsymbol{b} \in \boldsymbol{R}^n$) と表すと

$$
\begin{aligned}
A\boldsymbol{a}+iA\boldsymbol{b} &= A(\boldsymbol{a}+i\boldsymbol{b}) = A\boldsymbol{x} = \lambda\boldsymbol{x} \\
&= (k+il)(\boldsymbol{a}+i\boldsymbol{b}) = (k\boldsymbol{a}-l\boldsymbol{b})+i(l\boldsymbol{a}+k\boldsymbol{b}).
\end{aligned}
$$

両辺の各成分の実数部分と虚数部分を比較することにより

$$A\boldsymbol{a} = k\boldsymbol{a}-l\boldsymbol{b}, \quad A\boldsymbol{b} = l\boldsymbol{a}+k\boldsymbol{b}. \qquad (*)$$

補題 7.5 と ${}^tA = A$ より，$(A\boldsymbol{a}, \boldsymbol{b}) = (\boldsymbol{a}, A\boldsymbol{b})$ であるので

$$k(\boldsymbol{a}, \boldsymbol{b})-l(\boldsymbol{b}, \boldsymbol{b}) = l(\boldsymbol{a}, \boldsymbol{a})+k(\boldsymbol{a}, \boldsymbol{b}).$$

したがって $l(\|\boldsymbol{a}\|^2+\|\boldsymbol{b}\|^2) = 0$ であるが，$\boldsymbol{a} \neq \boldsymbol{o}$ または $\boldsymbol{b} \neq \boldsymbol{o}$ であるので，$l = 0$．すなわち λ は実数である．

このとき，$(*)$ より $A\boldsymbol{a} = k\boldsymbol{a}$，$A\boldsymbol{b} = k\boldsymbol{b}$ であるので，実ベクトル $\boldsymbol{a}$ または $\boldsymbol{b}$ は λ の固有ベクトルになっている． ■

> **定理 8.8** n 次実対称行列 A の異なる固有値 λ, μ に対するそれぞれの固有ベクトル $\boldsymbol{x}, \boldsymbol{y}$ ($\in \boldsymbol{R}^n$) は直交する．

証明 $A\boldsymbol{x} = \lambda\boldsymbol{x}$，$A\boldsymbol{y} = \mu\boldsymbol{y}$ より

$$\lambda(\boldsymbol{x}, \boldsymbol{y}) = (\lambda\boldsymbol{x}, \boldsymbol{y}) = (A\boldsymbol{x}, \boldsymbol{y}) = (\boldsymbol{x}, {}^tA\boldsymbol{y}) = (\boldsymbol{x}, A\boldsymbol{y}) = (\boldsymbol{x}, \mu\boldsymbol{y}) = \mu(\boldsymbol{x}, \boldsymbol{y}).$$

$\lambda \neq \mu$ であるので $(\boldsymbol{x}, \boldsymbol{y}) = 0$ となる． ■

定理 8.9　n 次実対称行列 A は，ある直交行列 P により対角化可能である．

証明* 　A の相異なる固有値を $\lambda_1, \cdots, \lambda_r$ とする．$\boldsymbol{R}^n$ においてシュミットの直交化法により，各固有空間 $V(\lambda_i)$ には正規直交基底 $\{\boldsymbol{p}_1{}^{(i)}, \cdots, \boldsymbol{p}_{d_i}{}^{(i)}\}$ （$d_i = \dim V(\lambda_i)$）がとれるが，これらを集めた $\boldsymbol{p}_1{}^{(1)}, \cdots, \boldsymbol{p}_{d_1}{}^{(1)}, \cdots, \boldsymbol{p}_1{}^{(r)}, \cdots, \boldsymbol{p}_{d_r}{}^{(r)}$ は，定理 8.8 より正規直交系をなしている．これらは定理 7.2 より 1 次独立で，その個数 $d\,(= d_1 + \cdots + d_r) \leqq n$ であるが，以下で等号の成り立つことを示す．簡単のため，上の正規直交系を前から順に番号をつけて，$\boldsymbol{p}_1, \cdots, \boldsymbol{p}_d$ とし，それぞれの対応する固有値を $\mu_1, \cdots, \mu_d$ と書くことにする．

もし $d < n$ であったとしよう．シュミットの直交化法により，$\{\boldsymbol{p}_1, \cdots, \boldsymbol{p}_d\}$ を含むような $\boldsymbol{R}^n$ の正規直交基底 $\{\boldsymbol{p}_1, \cdots, \boldsymbol{p}_d, \boldsymbol{p}_{d+1}, \cdots, \boldsymbol{p}_n\}$ がとれる．$P = (\boldsymbol{p}_1 \ \cdots \ \boldsymbol{p}_n)$ は定理 7.6 より直交行列であり，$A\boldsymbol{p}_i = \mu_i \boldsymbol{p}_i$ （$1 \leqq i \leqq d$）より

$$AP = (A\boldsymbol{p}_1 \ \cdots \ A\boldsymbol{p}_d \ \cdots \ A\boldsymbol{p}_n) = (\boldsymbol{p}_1 \ \cdots \ \boldsymbol{p}_d \ \cdots \ \boldsymbol{p}_n)\begin{pmatrix} D & B \\ O & C \end{pmatrix}$$

の形となる．ここで，D は対角行列 $\begin{pmatrix} \mu_1 & & \\ & \ddots & \\ & & \mu_d \end{pmatrix}$ である．${}^tPAP = P^{-1}AP = \begin{pmatrix} D & B \\ O & C \end{pmatrix}$ は，${}^t({}^tPAP) = {}^tPAP$ より対称行列であるので $B = O$，${}^tC = C$ である．

λ を C の固有値とし，その固有ベクトルの 1 つ $\boldsymbol{x}$ （$\in \boldsymbol{R}^{n-d}$）に対して $\boldsymbol{y} = \begin{pmatrix} \boldsymbol{o} \\ \boldsymbol{x} \end{pmatrix} \in \boldsymbol{R}^n$ （$\boldsymbol{o} \in \boldsymbol{R}^d$）とおく．

$$AP\boldsymbol{y} = P\begin{pmatrix} D & O \\ O & C \end{pmatrix}\begin{pmatrix} \boldsymbol{o} \\ \boldsymbol{x} \end{pmatrix} = P\begin{pmatrix} \boldsymbol{o} \\ C\boldsymbol{x} \end{pmatrix} = P\begin{pmatrix} \boldsymbol{o} \\ \lambda\boldsymbol{x} \end{pmatrix} = \lambda P\boldsymbol{y}$$

より $P\boldsymbol{y} \in V(\lambda) \subset \langle \boldsymbol{p}_1, \cdots, \boldsymbol{p}_d \rangle$．一方

$$\boldsymbol{o} \neq P\boldsymbol{y} = (\boldsymbol{p}_1 \ \cdots \ \boldsymbol{p}_d \ \ \boldsymbol{p}_{d+1} \ \cdots \ \boldsymbol{p}_n)\begin{pmatrix} \boldsymbol{o} \\ \boldsymbol{x} \end{pmatrix} \in \langle \boldsymbol{p}_{d+1}, \cdots, \boldsymbol{p}_n \rangle$$

から $P\boldsymbol{y} \notin \langle \boldsymbol{p}_1, \cdots, \boldsymbol{p}_d \rangle$．これは矛盾であるので，$n = d$ でなければならない．したがって，直交行列 P により ${}^tPAP = P^{-1}AP = D$ と対角化される．■

例題 8.3　実対称行列 $A = \begin{pmatrix} 3 & -1 & -2 \\ -1 & 3 & 2 \\ -2 & 2 & 6 \end{pmatrix}$ を直交行列により対角化せよ．

解　$\varphi_A(t)=\begin{vmatrix} 3-t & -1 & -2 \\ -1 & 3-t & 2 \\ -2 & 2 & 6-t \end{vmatrix} = -(t-2)^2(t-8)$

より A の固有値は 2（重複度 2），8 である．対角化可能性は既知なので，$\dim V(2)=2$，$\dim V(8)=1$ がわかる．定理 8.9（の証明）より，$V(2)$，$V(8)$ の正規直交基底を求めればよい．まず $V(2)$ について，$A-2E$ を階段行列に行基本変形すると

$$A-2E=\begin{pmatrix} 1 & -1 & -2 \\ -1 & 1 & 2 \\ -2 & 2 & 4 \end{pmatrix} \longrightarrow \cdots \longrightarrow \begin{pmatrix} 1 & -1 & -2 \\ 0 & 0 & 0 \\ 0 & 0 & 0 \end{pmatrix}$$

より

$$V(2)=\left\{ \begin{pmatrix} c+2d \\ c \\ d \end{pmatrix} \middle| \, c, d \text{ は任意} \right\} = \left\langle \begin{pmatrix} 1 \\ 1 \\ 0 \end{pmatrix}, \begin{pmatrix} 2 \\ 0 \\ 1 \end{pmatrix} \right\rangle.$$

次に $V(8)$ について，$A-8E$ を階段行列に行基本変形すると

$$A-8E=\begin{pmatrix} -5 & -1 & -2 \\ -1 & -5 & 2 \\ -2 & 2 & -2 \end{pmatrix} \longrightarrow \cdots \longrightarrow \begin{pmatrix} 1 & 0 & \frac{1}{2} \\ 0 & 1 & -\frac{1}{2} \\ 0 & 0 & 0 \end{pmatrix}$$

より

$$V(8)=\left\{ \begin{pmatrix} c \\ -c \\ -2c \end{pmatrix} \middle| \, c \text{ は任意} \right\} = \left\langle \begin{pmatrix} 1 \\ -1 \\ -2 \end{pmatrix} \right\rangle.$$

$V(2)$ の基底をなす $\boldsymbol{a}_1=\begin{pmatrix} 1 \\ 1 \\ 0 \end{pmatrix}$，$\boldsymbol{a}_2=\begin{pmatrix} 2 \\ 0 \\ 1 \end{pmatrix}$ からシュミットの直交化法によって，$V(2)$ の正規直交基底 $\{\boldsymbol{p}_1, \boldsymbol{p}_2\}$ を求めよう．

$$\boldsymbol{p}_1 = \frac{\boldsymbol{a}_1}{\|\boldsymbol{a}_1\|} = \frac{1}{\sqrt{2}}\begin{pmatrix}1\\1\\0\end{pmatrix},$$

$$\boldsymbol{b}_2 = \boldsymbol{a}_2 - (\boldsymbol{a}_2, \boldsymbol{p}_1)\boldsymbol{p}_1 = \begin{pmatrix}2\\0\\1\end{pmatrix} - \frac{2}{\sqrt{2}}\frac{1}{\sqrt{2}}\begin{pmatrix}1\\1\\0\end{pmatrix} = \begin{pmatrix}1\\-1\\1\end{pmatrix},$$

$$\boldsymbol{p}_2 = \frac{\boldsymbol{b}_2}{\|\boldsymbol{b}_2\|} = \frac{1}{\sqrt{3}}\begin{pmatrix}1\\-1\\1\end{pmatrix}.$$

$V(8)$ の正規直交基底 $\{\boldsymbol{p}_3\}$ は $\boldsymbol{p}_3 = \dfrac{1}{\sqrt{6}}\begin{pmatrix}1\\-1\\-2\end{pmatrix}$ で与えられる．したがって

$$P = (\boldsymbol{p}_1 \quad \boldsymbol{p}_2 \quad \boldsymbol{p}_3) = \begin{pmatrix}\frac{1}{\sqrt{2}} & \frac{1}{\sqrt{3}} & \frac{1}{\sqrt{6}}\\ \frac{1}{\sqrt{2}} & \frac{-1}{\sqrt{3}} & \frac{-1}{\sqrt{6}}\\ 0 & \frac{1}{\sqrt{3}} & \frac{-2}{\sqrt{6}}\end{pmatrix}$$

とおけば，P は直交行列であり，

$$A(\boldsymbol{p}_1 \quad \boldsymbol{p}_2 \quad \boldsymbol{p}_3) = (\boldsymbol{p}_1 \quad \boldsymbol{p}_2 \quad \boldsymbol{p}_3)\begin{pmatrix}2 & 0 & 0\\0 & 2 & 0\\0 & 0 & 8\end{pmatrix}$$

$$\text{すなわち} \quad {}^tPAP = \begin{pmatrix}2 & 0 & 0\\0 & 2 & 0\\0 & 0 & 8\end{pmatrix}$$

と対角化される． ▒

■ 実 2 次形式 ■　n 個の実変数 $x_1, x_2, \cdots, x_n$ に関する実係数 2 次の同次多項式

$$q(x_1, x_2, \cdots, x_n) = \sum_{i=1}^{n} a_{ii}{x_i}^2 + \sum_{1 \leqq i < j \leqq n} 2a_{ij}x_i x_j \tag{8.6}$$

を**実 2 次形式**という．$i<j$ のとき $a_{ji}=a_{ij}$ と定めて $A=(a_{ij})$ とおくと A は n 次実対称行列であり，列ベクトル $\boldsymbol{x} = \begin{pmatrix} x_1 \\ \vdots \\ x_n \end{pmatrix}$ を用いて $q(\boldsymbol{x}) \equiv q(x_1, x_2, \cdots, x_n)$ は

$$q(\boldsymbol{x}) = \sum_{i=1}^{n}\sum_{j=1}^{n} a_{ij}x_i x_j = \sum_{i=1}^{n} x_i \sum_{j=1}^{n} a_{ij}x_j = {}^t\boldsymbol{x}A\boldsymbol{x} = (\boldsymbol{x}, A\boldsymbol{x}) \tag{8.7}$$

と表される．

例 8.5　$q(x_1, x_2, x_3) = {x_1}^2 - {x_2}^2 + 2{x_3}^2 - 4x_1x_2 + x_2x_3$

$$= (x_1 \quad x_2 \quad x_3)\begin{pmatrix} 1 & -2 & 0 \\ -2 & -1 & \dfrac{1}{2} \\ 0 & \dfrac{1}{2} & 2 \end{pmatrix}\begin{pmatrix} x_1 \\ x_2 \\ x_3 \end{pmatrix}.$$ ■

定理 8.10　A を n 次実対称行列とする．実 2 次形式 $q(\boldsymbol{x}) = (\boldsymbol{x}, A\boldsymbol{x})$ はある n 次直交行列 P による変数の変換

$$\boldsymbol{y} = {}^tP\boldsymbol{x} \quad \text{すなわち} \quad \begin{pmatrix} x_1 \\ \vdots \\ x_n \end{pmatrix} = P\begin{pmatrix} y_1 \\ \vdots \\ y_n \end{pmatrix}$$

により

$$q(\boldsymbol{x}) = \lambda_1{y_1}^2 + \cdots + \lambda_n{y_n}^2$$

の形にできる．これを**実 2 次形式の標準形**という．ここで，$\lambda_1, \cdots, \lambda_n$ は A の固有値である．

証明　定理 8.9 よりある直交行列 P を用いて

$$
{}^tPAP = \begin{pmatrix} \lambda_1 & & O \\ & \ddots & \\ O & & \lambda_n \end{pmatrix}
$$

と対角化できるので，$\boldsymbol{x} = P\boldsymbol{y}$ とおくと

$$
(\boldsymbol{x}, A\boldsymbol{x}) = {}^t\boldsymbol{x}A\boldsymbol{x} = {}^t(P\boldsymbol{y})AP\boldsymbol{y} = {}^t\boldsymbol{y}({}^tPAP)\boldsymbol{y} = \lambda_1 {y_1}^2 + \cdots + \lambda_n {y_n}^2
$$

となる． ▮

例 8.6 実 2 次形式 $q(\boldsymbol{x}) = 3{x_1}^2 + 3{x_2}^2 + 6{x_3}^2 - 2x_1x_2 - 4x_1x_3 + 4x_2x_3$ は実対称行列 $A = \begin{pmatrix} 3 & -1 & -2 \\ -1 & 3 & 2 \\ -2 & 2 & 6 \end{pmatrix}$ により，$q(\boldsymbol{x}) = (\boldsymbol{x}, A\boldsymbol{x})$ と表される．例題 8.3 の結果から

$$
\text{直交行列 } P = \begin{pmatrix} \frac{1}{\sqrt{2}} & \frac{1}{\sqrt{3}} & \frac{1}{\sqrt{6}} \\ \frac{1}{\sqrt{2}} & \frac{-1}{\sqrt{3}} & \frac{-1}{\sqrt{6}} \\ 0 & \frac{1}{\sqrt{3}} & \frac{-2}{\sqrt{6}} \end{pmatrix} \text{とすると } {}^tPAP = \begin{pmatrix} 2 & 0 & 0 \\ 0 & 2 & 0 \\ 0 & 0 & 8 \end{pmatrix}.
$$

したがって，変数の変換 $\begin{pmatrix} x_1 \\ x_2 \\ x_3 \end{pmatrix} = \begin{pmatrix} \frac{1}{\sqrt{2}} & \frac{1}{\sqrt{3}} & \frac{1}{\sqrt{6}} \\ \frac{1}{\sqrt{2}} & \frac{-1}{\sqrt{3}} & \frac{-1}{\sqrt{6}} \\ 0 & \frac{1}{\sqrt{3}} & \frac{-2}{\sqrt{6}} \end{pmatrix} \begin{pmatrix} y_1 \\ y_2 \\ y_3 \end{pmatrix}$ を行えば $q(\boldsymbol{x})$ の標準形 $2{y_1}^2 + 2{y_2}^2 + 8{y_3}^2$ を得る． ▮

n 次実対称行列 A から定まる実 2 次形式 $q(\boldsymbol{x}) = (\boldsymbol{x}, A\boldsymbol{x})$ が，$\boldsymbol{o}$ でない任意の $\boldsymbol{x} \in \boldsymbol{R}^n$ に対して $q(\boldsymbol{x}) > 0$ をみたすとき，$q(\boldsymbol{x})$ および A は**正定値**であるという．定理 8.10 において，$\boldsymbol{x} \neq \boldsymbol{o}$ のとき $\boldsymbol{y} = {}^tP\boldsymbol{x} \neq \boldsymbol{o}$ でもあるので次のことがいえる．

系 8.11 A を n 次実対称行列とする．実 2 次形式 $q(\boldsymbol{x})=(\boldsymbol{x}, A\boldsymbol{x})$ が正定値であるための必要十分条件は，A の固有値がすべて正となることである．

実 2 次形式が正定値かどうかの判定に次の定理は有用である．

定理 8.12 $A=(a_{ij})$ を n 次実対称行列とする．

$$A_r=\begin{pmatrix} a_{11} & \cdots & a_{1r} \\ \vdots & & \vdots \\ a_{r1} & \cdots & a_{rr} \end{pmatrix} \qquad (r=1, 2, \cdots, n)$$

とおくとき，実 2 次形式 $q(\boldsymbol{x})=(\boldsymbol{x}, A\boldsymbol{x})$ が正定値であるための必要十分条件は

$$|A_r|>0 \qquad (r=1, 2, \cdots, n)$$

である．

証明* $q(\boldsymbol{x})$ を正定値とし，$1 \leqq r \leqq n$ とする．任意の $\boldsymbol{y} \in \boldsymbol{R}^r$，$\boldsymbol{y} \neq \boldsymbol{o}$ に対して，成分 0 を付け加えて $\boldsymbol{x}=\begin{pmatrix} \boldsymbol{y} \\ \boldsymbol{o} \end{pmatrix} \in \boldsymbol{R}^n$ を考えると，

$$(\boldsymbol{y}, A_r\boldsymbol{y})=(\boldsymbol{x}, A\boldsymbol{x})>0$$

であるので A_r は正定値対称行列で，系 8.11 よりその固有値はすべて正である．したがって $|A_r|=(A_r$ の固有値すべての積$)>0$（問題 8.3 参照）．

逆を帰納法により示そう．$n=1$ では明らかなので，$n \geqq 2$ で A_{n-1} を正定値と仮定し，$|A_n|>0$ から A すなわち $q(\boldsymbol{x})$ が正定値であることを示す．もし A が正定値でないならば，$|A|=(A$ の固有値すべての積$)>0$ なので，重複をこめて 2 つ以上の負の固有値をもつ．$\lambda_1, \lambda_2<0$ を A の固有値とし，その固有ベクトル $\boldsymbol{x}_1, \boldsymbol{x}_2$ を正規直交系であるようにとっておく．このとき

$$\boldsymbol{o} \neq \boldsymbol{x}=k_1\boldsymbol{x}_1+k_2\boldsymbol{x}_2 \in \langle \boldsymbol{x}_1, \boldsymbol{x}_2 \rangle \qquad (k_1, k_2 \in \boldsymbol{R})$$

に対して

$$q(\boldsymbol{x})=(\boldsymbol{x}, A\boldsymbol{x})=(k_1\boldsymbol{x}_1+k_2\boldsymbol{x}_2, k_1\lambda_1\boldsymbol{x}_1+k_2\lambda_2\boldsymbol{x}_2)={k_1}^2\lambda_1+{k_2}^2\lambda_2<0.$$

$\boldsymbol{x}_1, \boldsymbol{x}_2$ は 1 次独立より $\boldsymbol{x}$ の第 n 成分が 0 となるように k_1, k_2 を選ぶことができる．$\boldsymbol{x}=\begin{pmatrix} \boldsymbol{y} \\ 0 \end{pmatrix}$ とすると，A_{n-1} は正定値であるから

$$(\boldsymbol{x}, A\boldsymbol{x})=(\boldsymbol{y}, A_{n-1}\boldsymbol{y})>0$$

と矛盾を生じる．したがって A は正定値である． ■

問　題

8.12　次の実対称行列を直交行列で対角化せよ．

（1）$\begin{pmatrix} 5 & 3 \\ 3 & -3 \end{pmatrix}$　（2）$\begin{pmatrix} 2 & -1 & -1 \\ -1 & 1 & 2 \\ -1 & 2 & 1 \end{pmatrix}$　（3）$\begin{pmatrix} 1 & -4 & 2 \\ -4 & 7 & -4 \\ 2 & -4 & 1 \end{pmatrix}$

8.13　次の実 2 次形式を適当な直交行列による変数変換により標準形にせよ．

（1）$3{x_1}^2-8x_1x_2+3{x_2}^2$

（2）$4{x_1}^2+4x_1x_2+6x_1x_3+4x_2x_3+4{x_3}^2$

（3）$2x_1x_2+2x_2x_3+2x_3x_1$

8.14　次の実 2 次形式が正定値になるための a の条件を求めよ．

（1）${x_1}^2+3{x_2}^2+2{x_3}^2+2ax_1x_2+4ax_1x_3+2x_2x_3$

（2）${x_1}^2+{x_2}^2+{x_3}^2+a(x_1x_2+x_1x_3+x_2x_3)$

8.15　A を n 次実対称行列とする．${x_1}^2+{x_2}^2+\cdots+{x_n}^2=1$ の条件のもとで実 2 次形式 $q(\boldsymbol{x})=(\boldsymbol{x}, A\boldsymbol{x})$ の最大値，最小値は，それぞれ A の固有値の最大値，最小値に等しいことを示せ．

8.16　${x_1}^2+{x_2}^2+{x_3}^2=1$ の条件のもとで $3{x_1}^2+3{x_2}^2+3{x_3}^2+2x_1x_2+2x_2x_3+2x_3x_1$ の最大値と最小値を求めよ．

問題の解答

1.1 (1) $\overrightarrow{\mathrm{PQ}} = \begin{pmatrix} 3 \\ 2 \\ -1 \end{pmatrix}$, $\|\overrightarrow{\mathrm{PQ}}\| = \sqrt{14}$ (2) $a = -1$

1.2 $\overrightarrow{\mathrm{AB}} = \boldsymbol{a} - \frac{1}{2}\boldsymbol{b}$, $\overrightarrow{\mathrm{AC}} = \boldsymbol{a} + \frac{1}{2}\boldsymbol{b}$

1.3 $\boldsymbol{a} = \begin{pmatrix} 1 \\ 1 \\ 1 \end{pmatrix}$, $\boldsymbol{b} = \begin{pmatrix} 2 \\ 1 \\ -2 \end{pmatrix}$, $\boldsymbol{e} = \frac{1}{\sqrt{3}}\begin{pmatrix} 1 \\ 1 \\ 1 \end{pmatrix}$, $\boldsymbol{f} = \frac{1}{3}\begin{pmatrix} 2 \\ 1 \\ -2 \end{pmatrix}$

1.4 (1) $x = \frac{7}{5}$, $y = \frac{6}{5}$ (2) $x = \frac{1}{2}$, $y = -\frac{1}{2}$

1.5 $t = -\frac{2}{3}$ のとき最小値 $\sqrt{\frac{7}{3}}$

1.6 (1) 2 (2) $2, -\frac{1}{2}$

1.8 $\cos\theta = -\frac{1}{\sqrt{15}}$, 面積 $\sqrt{14}$

1.9 (1) $10 = \|\boldsymbol{a} - \boldsymbol{b}\|^2 = (\boldsymbol{a} - \boldsymbol{b}, \boldsymbol{a} - \boldsymbol{b})$ を展開して，$(\boldsymbol{a}, \boldsymbol{b})$ を求めよ.

(2) $\overrightarrow{\mathrm{OH}} = \frac{9}{10}\boldsymbol{a} + \frac{1}{10}\boldsymbol{b}$, $(\boldsymbol{a}, \overrightarrow{\mathrm{OH}}) = \frac{9}{10}$

1.11 $(\boldsymbol{a} \times \boldsymbol{b}) \times \boldsymbol{c} = \begin{pmatrix} -1 \\ 1 \\ 0 \end{pmatrix}$, $\boldsymbol{a} \times (\boldsymbol{b} \times \boldsymbol{c}) = \begin{pmatrix} 0 \\ 0 \\ -1 \end{pmatrix}$

1.12 (1) 6 (2) $\pm\frac{1}{3}\begin{pmatrix} 1 \\ -2 \\ -2 \end{pmatrix}$ (3) 12

1.13 (1) $\frac{x-1}{3} = y+2 = \frac{z-3}{-2}$ (2) $\frac{x-2}{-1} = \frac{y-3}{-2} = \frac{z+5}{2}$

(3) $\frac{x-3}{2} = -y$, $z = 2$

1.14 （1） $6x-y+3z+2=0$ （2） $5x-7y-3z=0$

（3） $x-2z-5=0$

1.15 $\begin{pmatrix} x \\ y \\ z \end{pmatrix} = \begin{pmatrix} -4 \\ 0 \\ 0 \end{pmatrix} + s\begin{pmatrix} 2 \\ 1 \\ 0 \end{pmatrix} + t\begin{pmatrix} 3 \\ 0 \\ 1 \end{pmatrix}$ （表し方は1通りではない）

1.16 （1） 2 （2） $\left(\frac{5}{3}, -\frac{1}{3}, -\frac{1}{3}\right)$

1.17 $\begin{pmatrix} x \\ y \\ z \end{pmatrix} = \begin{pmatrix} 0 \\ -1 \\ 3 \end{pmatrix} + t\begin{pmatrix} 1 \\ -2 \\ 1 \end{pmatrix}$ （2） $\frac{1}{\sqrt{3}}$

2.1 （1） $\begin{pmatrix} 1 & 2 & 3 \\ 0 & 1 & 2 \\ 0 & 0 & 1 \end{pmatrix}$ （2） $\begin{pmatrix} 1 & 2 & 3 & 4 \\ 2 & 4 & 6 & 8 \\ 2 & 5 & 10 & 17 \end{pmatrix}$

2.2 $a=1$, $b=2$, $c=3$

2.3 （1） $\begin{pmatrix} 0 & 21 & 7 \\ 35 & 0 & -28 \end{pmatrix}$ （2） $\begin{pmatrix} 4 & 3 & -5 \\ -2 & -1 & 1 \end{pmatrix}$

（3） $X = \frac{1}{2}\begin{pmatrix} 0 & -5 & 3 \\ 1 & 0 & 2 \end{pmatrix}$, $Y = \frac{1}{2}\begin{pmatrix} 0 & 3 & 1 \\ 5 & 0 & -4 \end{pmatrix}$, $Z = \frac{1}{2}\begin{pmatrix} 8 & -1 & -7 \\ -5 & -2 & 6 \end{pmatrix}$

2.4 $\begin{pmatrix} n & \frac{n(n+1)}{2} \\ \frac{n(1-n)}{2} & \frac{-1+(-1)^n}{2} \end{pmatrix}$

2.5 （1） $A^2-B^2 = \begin{pmatrix} -2 & -2 \\ 6 & -2 \end{pmatrix}$, $(A+B)(A-B) = \begin{pmatrix} -3 & -6 \\ -6 & -1 \end{pmatrix}$

（2） $\begin{pmatrix} 9 & -3 & -15 \\ 3 & 21 & 6 \end{pmatrix}$

2.6 $AB = \begin{pmatrix} 3 & 2 & 1 \\ 6 & 4 & 2 \\ 9 & 6 & 3 \end{pmatrix}$, $BA=10$, $(AB)^3 = 100\begin{pmatrix} 3 & 2 & 1 \\ 6 & 4 & 2 \\ 9 & 6 & 3 \end{pmatrix}$

2.7 $((AB)C)D = (A(BC))D = A((BC)D) = A(B(CD))$

2.8 （1） $-\boldsymbol{a}_1+2\boldsymbol{a}_2-3\boldsymbol{a}_3$ （2） $(2\boldsymbol{a}_2+4\boldsymbol{a}_3 \quad \boldsymbol{a}_1+3\boldsymbol{a}_2)$

2.9 （1） $\begin{pmatrix} -1 \\ -2 \end{pmatrix}$ （2） $a\begin{pmatrix} 1 & 0 \\ 0 & 1 \end{pmatrix} + b\begin{pmatrix} 0 & 1 \\ 1 & 1 \end{pmatrix}$ （a, b は任意）

（3） $\begin{pmatrix} 0 & 1/2 \\ 0 & 0 \\ 1/2 & 0 \end{pmatrix} + a\begin{pmatrix} 1 & 0 \\ -2 & 0 \\ 1 & 0 \end{pmatrix} + f\begin{pmatrix} 0 & 1 \\ 0 & -2 \\ 0 & 1 \end{pmatrix}$ （a, f は任意）

2.10 （1） $\begin{pmatrix} a & 1 \\ 1-a^2 & -a \end{pmatrix}$（$n$：奇数），$E$（$n$：偶数）

（2） $\begin{pmatrix} \cos n\theta & -\sin n\theta \\ \sin n\theta & \cos n\theta \end{pmatrix}$

（3） $\begin{pmatrix} 0 & a & c \\ 0 & 0 & b \\ 0 & 0 & 0 \end{pmatrix}$（$n=1$），$\begin{pmatrix} 0 & 0 & ab \\ 0 & 0 & 0 \\ 0 & 0 & 0 \end{pmatrix}$（$n=2$），$O$（$n \geqq 3$）

（4） $\begin{pmatrix} 1 & n & \dfrac{n(n+1)}{2} \\ 0 & 1 & n \\ 0 & 0 & 1 \end{pmatrix}$

2.11 （1） $\begin{pmatrix} -1 & 1 & -1 \\ 1 & 3 & 5 \\ 4 & -2 & 1 \end{pmatrix}$ （2） $\begin{pmatrix} 0 & 1 & -4 \\ -1 & 0 & 1 \\ 4 & -1 & 0 \end{pmatrix}$

（3） $\begin{pmatrix} 18 & -6 & 10 \\ -6 & 14 & 12 \\ 10 & 12 & 27 \end{pmatrix}$

2.12 $\begin{pmatrix} -3 & -1 & 1 \\ -1 & 1 & 3 \\ 1 & 3 & 5 \end{pmatrix} + \begin{pmatrix} 0 & 1 & 2 \\ -1 & 0 & 1 \\ -2 & -1 & 0 \end{pmatrix}$

$\left(A = \frac{1}{2}(A+{}^tA) + \frac{1}{2}(A-{}^tA) \right.$ を用いた.$\left. \right)$

2.13 （1） $\begin{pmatrix} 2 & 2 \\ 0 & -5 \end{pmatrix}$ または $\begin{pmatrix} -2 & -2 \\ 0 & 5 \end{pmatrix}$ （2） $\begin{pmatrix} -1 & 0 \\ 9 & 2 \end{pmatrix}$

2.14 $AX = \begin{pmatrix} 1 & x+a & z+ay+c \\ 0 & 1 & y+b \\ 0 & 0 & 1 \end{pmatrix}$，$A^{-1} = \begin{pmatrix} 1 & -a & ab-c \\ 0 & 1 & -b \\ 0 & 0 & 1 \end{pmatrix}$ （**注**：$A^{-1}A = E$ も確かめよ.）

2.15 帰納法による. $n-1$ で成り立つと仮定すると,

$A^n(A^{-1})^n = AA^{n-1}(A^{-1})^{n-1}A^{-1} = AA^{n-1}(A^{n-1})^{-1}A^{-1} = AEA^{-1} = E.$

$(A^{-1})^n A^n = E$ も同様に示される.

2.16 $A+E$ $\left({}^t\begin{pmatrix} A \\ E \end{pmatrix} = ({}^tA \quad E),\ {}^tB\,{}^tA = {}^t(AB) = E \right.$ に注意.$\left. \right)$

2.17 （1） $XX^{-1} = X^{-1}X = E_{m+n}$ を確かめよ.

（2） $\begin{pmatrix} -1 & 3 & -2 & -2 \\ 1 & -2 & 1 & 1 \\ 0 & 0 & 0 & 1 \\ 0 & 0 & 1 & 0 \end{pmatrix}$

3.1 （1） 0　（2） $1+a^2+b^2+c^2$　（3） 1
（4） $a_{11}a_{22}a_{33}a_{44}-a_{12}a_{23}a_{34}a_{41}$

3.2 （1） $4\pm\sqrt{5}$　（2） $3, \pm 2$　（3） ± 1

3.3 （1） $x=19$, $y=-13$　（2） $x=-5a-3$, $y=10a+1$

3.4 （1） -4000　（2） $-\dfrac{65}{3}$　（3） $a(a-1)(a+1)$
（4） -14　（5） 4

3.5 $i=1,2,\cdots,m$ について，第 i 列と第 $n-i+1$ 列を入れかえることにより，対角成分が $a_{1n}, a_{2\ n-1}, \cdots, a_{n1}$ の下三角行列になることからわかる．

3.6 $A=(\boldsymbol{a}_1\ \cdots\ \boldsymbol{a}_n)$，$B=(\boldsymbol{b}_1\ \cdots\ \boldsymbol{b}_n)$ と列ベクトル表示するとき，
$i=1,\cdots,n$ について，(1) では $\boldsymbol{a}_i$ と $\boldsymbol{b}_i$ の入れかえ，(2) では $\boxed{n+i}+\boxed{i}\times(-k)$ を行え．

3.7 （1） 99　（2） 12

3.8 （1） たとえば，$\boxed{1}+\boxed{4}$ と $\boxed{2}+\boxed{3}$ を考えよ．
（2） ${}^tA=-A$ であることと $|A|=|{}^tA|$ からわかる．

3.9 （1） -54　（2） -30
（3） $a_{11}a_{22}\cdots a_{nn}$ （たとえば，転置行列をとると下三角行列になることを用いよ．）
（4） $(x-2)(y+2)(z-2)(x+y)(y+z)(z-x)$ （転置するとファンデルモンドの行列式なので，例題 3.2 を用いてわかる．）

3.10 （1） 帰納法による．第 1 列で展開して帰納法の仮定と下三角行列の行列式の計算による．
（2） 第 1 行に第 2〜n 行をすべて加えて，$x+na$ をくくり出す．さらに第 1 行の a 倍を第 2〜n 行から引いてみよ．
（3） ファンデルモンドの行列式．例題 3.2 を用いよ．

3.11 （1） 10　（2） $(ad-bc)(eh-fg)$ （$\boxed{2}\longleftrightarrow\boxed{4}$ による．）
（3） 8

3.12 （1） $u=ax-by$, $v=ay+bx$ とおくと，

$$\begin{vmatrix} a & -b \\ b & a \end{vmatrix}\begin{vmatrix} x & -y \\ y & x \end{vmatrix}=\begin{vmatrix} u & -v \\ v & u \end{vmatrix}=u^2+v^2$$

（2） $u = ax+by+cz$, $v = ay+bz+cx$, $w = az+bx+cy$ とおくと

$$\begin{vmatrix} a & b & c \\ c & a & b \\ b & c & a \end{vmatrix}\begin{vmatrix} x & z & y \\ y & x & z \\ z & y & x \end{vmatrix} = \begin{vmatrix} u & w & v \\ v & u & w \\ w & v & u \end{vmatrix} = u^3+v^3+w^3-3uvw$$

3.13 （1） 問題3.6の結果を用いて

$$\begin{vmatrix} A & -A \\ B & B \end{vmatrix} \underset{\boxed{2}+\boxed{1}}{=} \begin{vmatrix} A & O \\ B & 2B \end{vmatrix} = |A|\,|2B| = 2^n\,|A|\,|B|$$

（2） 転置行列を考えると問題3.6の結果は行についてもいえるので，

$$\begin{vmatrix} A & B \\ B & A \end{vmatrix} \underset{①+②}{=} \begin{vmatrix} A+B & B+A \\ B & A \end{vmatrix} \underset{\boxed{2}-\boxed{1}}{=} \begin{vmatrix} A+B & O \\ B & A-B \end{vmatrix} = |A+B|\,|A-B|$$

3.14 （1） $4(a^2+b^2)(c^2+d^2)$

（2） $(a+b+c+d)(a-b+c-d)(a+b-c-d)(a-b-c+d)$

3.15 （1） 正則でない　（2） $\dfrac{1}{3}\begin{pmatrix} -5 & -1 & -7 \\ -2 & 2 & -1 \\ 1 & 2 & 2 \end{pmatrix}$

（3） $abc \neq 0$ のときのみ正則で，逆行列は $\dfrac{1}{abc}\begin{pmatrix} bc & -c & 1-b \\ 0 & ac & -a \\ 0 & 0 & ab \end{pmatrix}$

3.16 $\dfrac{1}{9}\begin{pmatrix} -7 & -4 & 26 \\ 5 & -1 & 2 \end{pmatrix}$

3.17 定理3.9を用いる．

（1） A が正則のとき，$|A| \neq 0$，$A\tilde{A} = |A|\,E$ より $\tilde{A}$ は正則で，$\tilde{A}^{-1} = |A|^{-1}A$．逆に $\tilde{A}$ が正則のとき，明らかに $A \neq O$ であり，$A = A\tilde{A}\tilde{A}^{-1} = |A|\,\tilde{A}^{-1}$ より $|A| \neq 0$．また，$A^{-1}\widetilde{A^{-1}} = |A^{-1}|\,E = |A|^{-1}\,E$ より $\widetilde{A^{-1}} = |A|^{-1}\,A$．

（2） (1)より $|A| = 0$ のとき，$|\tilde{A}| = 0$ で成立．$|A| \neq 0$ のとき，$|A|\,|\tilde{A}| = |A\tilde{A}| = |\,|A|\,E\,| = |A|^n$ より成立．

3.18 （1） $x = -3$, $y = 4$, $z = -2$

（2） $x = \dfrac{a^2+1}{a(a^2+3)}$, $y = \dfrac{1-a}{a(a^2+3)}$, $z = \dfrac{a+1}{a(a^2+3)}$

3.19 $z = \dfrac{7}{11}$

3.20 たとえば $w = t$（任意）としてクラメルの公式により解くと，

$$x = \frac{2}{5}t,\quad y = -\frac{7}{5}t+2,\quad z = \frac{1}{5}t+1,\quad w = t \quad (t\ \text{は任意})$$

3.21 $x_{ij} = \dfrac{1}{|A|}\,|\boldsymbol{a}_1 \ \cdots \ \overset{\overset{i}{\vee}}{\boldsymbol{e}_j} \ \cdots \ \boldsymbol{a}_n|$ を第 i 列で展開せよ．

4.1 （1） $\begin{pmatrix}1 & -2 & 0\\0 & 0 & 1\end{pmatrix}$，階数 2　（2） $\begin{pmatrix}0 & 1 & 0 & -3\\0 & 0 & 1 & 4\\0 & 0 & 0 & 0\end{pmatrix}$，階数 2

（3） $\begin{pmatrix}1 & 0 & -1 & -2 & 0\\0 & 1 & 2 & 3 & 0\\0 & 0 & 0 & 0 & 1\\0 & 0 & 0 & 0 & 0\end{pmatrix}$，階数 3

（4） $a=1$ のとき $\begin{pmatrix}1 & 1 & 1\\0 & 0 & 0\\0 & 0 & 0\end{pmatrix}$，階数 1；$a=-2$ のとき $\begin{pmatrix}1 & 0 & -1\\0 & 1 & -1\\0 & 0 & 0\end{pmatrix}$，

階数 2；$a \neq 1, -2$ のとき $\begin{pmatrix}1 & 0 & 0\\0 & 1 & 0\\0 & 0 & 1\end{pmatrix}$，階数 3

4.2 $\begin{pmatrix}0 & 0 & 0\\0 & 0 & 0\end{pmatrix}$, $\begin{pmatrix}0 & 0 & 1\\0 & 0 & 0\end{pmatrix}$, $\begin{pmatrix}0 & 1 & *\\0 & 0 & 0\end{pmatrix}$, $\begin{pmatrix}1 & * & *\\0 & 0 & 0\end{pmatrix}$, $\begin{pmatrix}0 & 1 & 0\\0 & 0 & 1\end{pmatrix}$, $\begin{pmatrix}1 & * & 0\\0 & 0 & 1\end{pmatrix}$,
$\begin{pmatrix}1 & 0 & *\\0 & 1 & *\end{pmatrix}$

4.3 たとえば，$P=\begin{pmatrix}-5 & 2 & 0\\3 & -1 & 0\\-3 & 1 & 1\end{pmatrix}$，$Q=\begin{pmatrix}1 & 0 & 1\\0 & 1 & -2\\0 & 0 & 1\end{pmatrix}$

4.4 $\begin{pmatrix}0 & 1\\1 & 0\end{pmatrix}$，$F_n(i,j)=G_n(i\,;-1)H_n(j,i\,;1)H_n(i,j\,;-1)H_n(j,i\,;1)$

4.5 系 4.6 より，ある n 次正則行列 P, Q により $PAQ=\begin{pmatrix}E_r & O\\O & O\end{pmatrix}$ となる．$(PAQ)(PAQ)=PAQ$ なので，両辺に左から P^{-1}，右から Q^{-1} をかけて $AQPA=A$ を得る．よって $B=QP$ とすればよい．

4.6 （1） $\begin{pmatrix}x\\y\\z\end{pmatrix}=\begin{pmatrix}-1\\3\\2\end{pmatrix}$　（2） $\begin{pmatrix}x\\y\\z\end{pmatrix}=\begin{pmatrix}2\\1/4\\0\end{pmatrix}+t\begin{pmatrix}1\\1\\1\end{pmatrix}$ （t は任意）

（3） 解なし　（4） $\begin{pmatrix}x\\y\\z\end{pmatrix}=\begin{pmatrix}-2\\1\\0\end{pmatrix}+t\begin{pmatrix}2\\-1\\1\end{pmatrix}$ （t は任意）

（5） $\begin{pmatrix}x\\y\\z\\w\end{pmatrix}=s\begin{pmatrix}3\\1\\0\\0\end{pmatrix}+t\begin{pmatrix}-1\\0\\1\\1\end{pmatrix}$ （s, t は任意）　（6） $\begin{pmatrix}x\\y\\z\\w\end{pmatrix}=\begin{pmatrix}4\\3\\2\\-1\end{pmatrix}$

4.7 （1） $3a+2b=10$ かつ $(a, b) \neq (6, -4)$

（２） $a=1$ または $a-b=1$

4.8 rank $\hat{A}=3$ のとき１点で交わらない ，rank $\hat{A}=$ rank $A=2$ のとき１点で交わる （3直線は平行でないので rank $A=1$ にならない．rank $\hat{A}=1$ にもならない．）．

4.9 $\boldsymbol{y}=\boldsymbol{x}-\boldsymbol{x}_0$ とおくと，$\boldsymbol{x}=\boldsymbol{x}_0+\boldsymbol{y}$ であり，$A\boldsymbol{y}=A(\boldsymbol{x}-\boldsymbol{x}_0)=A\boldsymbol{x}-A\boldsymbol{x}_0=\boldsymbol{b}-\boldsymbol{b}=\boldsymbol{o}$．

4.10 （１） $\dfrac{1}{7}\begin{pmatrix} 7 & -5 & -1 \\ -14 & 11 & 5 \\ 0 & 2 & -1 \end{pmatrix}$

（２） $a \neq 1$，$b \neq 1$ のときのみ正則で逆行列は

$$\frac{1}{(1-a)(1-b)}\begin{pmatrix} ab-1 & 1-b & 1-a \\ 1-b & b-1 & 0 \\ 1-a & 0 & a-1 \end{pmatrix}$$

（３） 正則でない

（４） $\begin{pmatrix} -1 & 0 & 1 & 0 \\ 4 & 1 & -2 & -2 \\ 8 & 1 & -3 & -4 \\ -5 & -1 & 2 & 3 \end{pmatrix}$ （５） $\begin{pmatrix} 1 & 0 & & O \\ 1 & 1 & & \\ \vdots & \vdots & \ddots & \\ 1 & 1 & \cdots & 1 \end{pmatrix}$

4.11 （１） $H_3(1,2\,;a)H_3(2,3\,;b)H_3(1,3\,;c-ab)$

（２） $G_2(1\,;a)H_2(2,1\,;c)H_2\left(1,2\,;\dfrac{b}{|A|}\right)G_2\left(2\,;\dfrac{|A|}{a}\right)$

4.12 分母をはらって係数比較すると，$k_1+k_3=a$，$\beta k_1+k_2=b$，$\beta k_2+\alpha k_3=c$．k_1, k_2, k_3 の連立１次方程式とみて，ただ１組の解をもつための必要十分条件は $\begin{vmatrix} 1 & 0 & 1 \\ \beta & 1 & 0 \\ 0 & \beta & \alpha \end{vmatrix}=\alpha+\beta^2 \neq 0$．$\alpha>0$ よりこれは常に成り立つ．

5.1 部分空間であることの証明は省くが，$\boldsymbol{o} \in V$（すなわち，空集合でない）と(5.1)を確かめよ．

（１） 部分空間 （２） $\begin{pmatrix} 1 \\ 1 \\ 1 \end{pmatrix} \in V$，$\dfrac{1}{2}\begin{pmatrix} 1 \\ 1 \\ 1 \end{pmatrix} \notin V$ より部分空間でない

（３） $\boldsymbol{x}_1=\begin{pmatrix} 1 \\ 2 \\ 0 \end{pmatrix}$，$\boldsymbol{x}_2=\begin{pmatrix} -2 \\ -1 \\ 0 \end{pmatrix}$ は V のベクトルだが $\boldsymbol{x}_1+\boldsymbol{x}_2=\begin{pmatrix} -1 \\ 1 \\ 0 \end{pmatrix} \notin V$ より部分空間でない．

（４） 部分空間

5.2 （１） $A\boldsymbol{o}=\boldsymbol{o} \neq \boldsymbol{a}$ より $\boldsymbol{o} \notin V$ なので，部分空間でない．

（2） 部分空間．

5.3 （1） $\boldsymbol{a}=2\boldsymbol{a}_1+\boldsymbol{a}_2+3\boldsymbol{a}_3$ （2） 表せない．($k_1\boldsymbol{a}_1+k_2\boldsymbol{\alpha}_2+k_3\boldsymbol{\alpha}_3=\boldsymbol{a}$ が解 k_1, k_2, k_3 をもたないことを示せ．)

5.4 $\boldsymbol{a}=(x_i)$ とおいて，$k_1\boldsymbol{a}_1+k_2\boldsymbol{a}_2=\boldsymbol{a}$ が解 k_1, k_2 をもつ条件，$\operatorname{rank}(\boldsymbol{a}_1\ \ \boldsymbol{a}_2\ \ \boldsymbol{a})=\operatorname{rank}(\boldsymbol{a}_1\ \ \boldsymbol{a}_2)$ より導ける．たとえば，

（1） $x_1-5x_2-3x_3=0$ （2） $\begin{cases} 7x_1-x_2+3x_3 \quad\quad = 0 \\ x_1+x_2 \quad\quad\quad +x_4=0 \end{cases}$

5.5 （1） 1次従属，$3\boldsymbol{a}_1+2\boldsymbol{a}_2-\boldsymbol{a}_3=\boldsymbol{o}$ （2） 1次独立

（3） 1次従属，$3\boldsymbol{a}_1-\boldsymbol{a}_2-\boldsymbol{a}_3-\boldsymbol{a}_4=\boldsymbol{o}$

（4） $k=5$ のとき1次従属，$2\boldsymbol{a}_1-3\boldsymbol{a}_2+\boldsymbol{a}_3=\boldsymbol{o}$；$k\neq 5$ のとき1次独立

5.6 （2） $(\boldsymbol{a}_1+\boldsymbol{a}_2)-(\boldsymbol{a}_2+\boldsymbol{a}_3)+(\boldsymbol{a}_3+\boldsymbol{a}_4)-(\boldsymbol{a}_4+\boldsymbol{a}_1)=\boldsymbol{o}$ なので1次従属

5.7 系5.3から $k_1\boldsymbol{a}_1+k_2\boldsymbol{a}_2+k_3\boldsymbol{a}_3+k_4\boldsymbol{a}_4=\boldsymbol{o}$（ある $k_i\neq 0$）と表せる．もし $k_1=0$ とすると，$\boldsymbol{a}_2, \boldsymbol{a}_3, \boldsymbol{a}_4$ の1次独立性から $k_2=k_3=k_4=0$ となって，ある $k_i\neq 0$ に反するので $k_1\neq 0$．同様に，すべての $k_i\neq 0$ である．$k_1=1$ のとき，$\boldsymbol{a}_1=-k_2\boldsymbol{a}_2-k_3\boldsymbol{a}_3-k_4\boldsymbol{a}_4$ の表し方は定理5.1よりただ1通りである．

5.8 （1） 次元2，基底 $\left\{\begin{pmatrix}3\\0\\1\end{pmatrix}, \begin{pmatrix}0\\1\\0\end{pmatrix}\right\}$

（2） 次元2，基底 $\left\{\begin{pmatrix}1\\2\\0\end{pmatrix}, \begin{pmatrix}0\\5\\1\end{pmatrix}\right\}$

（3） 次元2，基底 $\left\{\begin{pmatrix}1\\0\\-1\\2\end{pmatrix}, \begin{pmatrix}0\\1\\-1\\-1\end{pmatrix}\right\}$

（4） 次元1，基底 $\left\{\begin{pmatrix}4\\3\\1\end{pmatrix}\right\}$

5.10 （1） 例題5.2のように行基本変形により $(\boldsymbol{a}_1\ \ \boldsymbol{a}_2\ \ \boldsymbol{a}_3)\longrightarrow\cdots\longrightarrow$ $\begin{pmatrix}1&0&2\\0&1&-3\\0&0&0\end{pmatrix}$ となるので，基底として $\{\boldsymbol{a}_1, \boldsymbol{a}_2\}$ がとれ，$\boldsymbol{a}_3=2\boldsymbol{a}_1-3\boldsymbol{a}_2$．

（2） 基底 $\{\boldsymbol{a}_1, \boldsymbol{a}_2, \boldsymbol{a}_4\}$，$\boldsymbol{a}_3=-3\boldsymbol{a}_1+\boldsymbol{a}_2$，$\boldsymbol{a}_5=\boldsymbol{a}_1+4\boldsymbol{a}_2-3\boldsymbol{a}_4$

5.11 2

5.12 基底補充定理より $\boldsymbol{a}_1, \boldsymbol{a}_2$ に $(n-2)$ 個のベクトル $\boldsymbol{a}_3, \cdots, \boldsymbol{a}_n$ をつけ加えて $\boldsymbol{R}^n$ の基底がとれる．$A=(\boldsymbol{a}_1\ \ \cdots\ \ \boldsymbol{a}_n)$ とおくと，系5.10より $|A|\neq 0$．たとえ

ば，$\begin{pmatrix}1 & 3 & 0 & 0\\ 2 & -4 & 0 & 0\\ 3 & -6 & 1 & 0\\ 1 & -2 & 0 & 1\end{pmatrix}$.

5.13 $V\cap W$ の次元 1，基底 $\left\{\begin{pmatrix}3\\ -2\\ 5\end{pmatrix}\right\}$；$V+W$ の次元 3，基底 $\{\boldsymbol{a}_1, \boldsymbol{a}_2, \boldsymbol{a}_3\}$

5.14 $A=(\boldsymbol{a}_1 \ \cdots \ \boldsymbol{a}_n)$，$B=(\boldsymbol{b}_1 \ \cdots \ \boldsymbol{b}_n)$ とし，$\langle \boldsymbol{a}_1, \cdots, \boldsymbol{a}_n\rangle$ の基底を $\{\boldsymbol{u}_1, \cdots, \boldsymbol{u}_r\}$，$\langle \boldsymbol{b}_1, \cdots, \boldsymbol{b}_n\rangle$ の基底を $\{\boldsymbol{v}_1, \cdots, \boldsymbol{v}_s\}$ とする（$r=\mathrm{rank}\,A$，$s=\mathrm{rank}\,B$）．このとき，

$$\langle \boldsymbol{a}_1+\boldsymbol{b}_1, \cdots, \boldsymbol{a}_n+\boldsymbol{b}_n\rangle \subset \langle \boldsymbol{a}_1, \cdots, \boldsymbol{a}_n, \boldsymbol{b}_1, \cdots, \boldsymbol{b}_n\rangle \subset \langle \boldsymbol{u}_1, \cdots, \boldsymbol{u}_r, \boldsymbol{v}_1, \cdots, \boldsymbol{v}_s\rangle$$

であるので，$\mathrm{rank}\,(A+B)=\dim(\langle \boldsymbol{a}_1+\boldsymbol{b}_1, \cdots, \boldsymbol{a}_n+\boldsymbol{b}_n\rangle) \leqq r+s$．

5.15 （1） $A=(\boldsymbol{a}_1 \ \cdots \ \boldsymbol{a}_n)$，$B=(\boldsymbol{b}_1 \ \cdots \ \boldsymbol{b}_p)$ とする．$A\boldsymbol{b}_i \in \langle \boldsymbol{a}_1, \cdots, \boldsymbol{a}_n\rangle$ なので AB の列空間 $\langle A\boldsymbol{b}_1, \cdots, A\boldsymbol{b}_p\rangle \subset \langle \boldsymbol{a}_1, \cdots, \boldsymbol{a}_n\rangle$．以下，定理 5.12 を用いればよい．

（2） $\langle \boldsymbol{b}_1, \cdots, \boldsymbol{b}_p\rangle$ の基底を $\{\boldsymbol{v}_1, \cdots, \boldsymbol{v}_s\}$（$s=\mathrm{rank}\,B$）とすると，$\langle A\boldsymbol{b}_1, \cdots, A\boldsymbol{b}_p\rangle \subset \langle A\boldsymbol{v}_1, \cdots, A\boldsymbol{v}_s\rangle$．右辺の次元 $\leqq s$ よりわかる．

6.1 （1） 線形写像でない　（2） 線形写像，$\begin{pmatrix}1 & -2\\ 0 & 1\\ 3 & 0\end{pmatrix}$

（3） $a=0$，$b=1$ のときのみ線形写像，$\begin{pmatrix}0 & 1 & 0\\ 0 & 1 & -1\\ 1 & 0 & 0\end{pmatrix}$

6.2 （1） $\dfrac{1}{2}\begin{pmatrix}-1 & 5\\ 1 & 5\end{pmatrix}$　（2） $\begin{pmatrix}5 & -3 & 2\\ 0 & 0 & 1\end{pmatrix}$

6.3 （1） f の行列，f^{-1} の行列ともに $\begin{pmatrix}\cos\theta & -\sin\theta\\ -\sin\theta & -\cos\theta\end{pmatrix}$

（2） 直線 $y=\dfrac{-1+\cos\theta}{\sin\theta}x \left(=-\left(\tan\dfrac{\theta}{2}\right)x\right)$ 上の点全体

6.4 $AB=BC$ と書け，B は正則行列なので，$C=B^{-1}AB$

6.5 $\mathrm{Ker}\,f$ の基底 $\left\{\begin{pmatrix}2\\ -1\\ 1\end{pmatrix}\right\}$，$\dim(\mathrm{Ker}\,f)=1$；$\mathrm{Im}\,f$ の基底 $\left\{\begin{pmatrix}1\\ -1\\ 2\end{pmatrix}, \begin{pmatrix}-1\\ 0\\ 5\end{pmatrix}\right\}$，$\dim(\mathrm{Im}\,f)=2$

6.6 Ker f の基底 $\left\{\begin{pmatrix}-1\\1\\1\\0\end{pmatrix}, \begin{pmatrix}1\\-2\\0\\1\end{pmatrix}\right\}$，$\dim(\mathrm{Ker}\,f)=2$；Im f の基底 $\left\{\begin{pmatrix}1\\2\\-1\end{pmatrix},\right.$ $\left.\begin{pmatrix}-1\\5\\2\end{pmatrix}\right\}$，$\dim(\mathrm{Im}\,f)=2$

6.7 Ker f の基底 $\{3\boldsymbol{a}_1-\boldsymbol{a}_2-\boldsymbol{a}_3\}$，$\dim(\mathrm{Ker}\,f)=1$，$\dim(\mathrm{Im}\,f)=2$，Im f の基底 $\{\boldsymbol{a}_1+\boldsymbol{a}_2, 2\boldsymbol{a}_1+\boldsymbol{a}_3\}$

6.8 (1) $\begin{pmatrix}1&1&0&-1\\0&0&1&2\\0&0&0&0\end{pmatrix}$ (2) $\begin{pmatrix}a_1&a_1&b_1&-a_1+2b_1\\a_2&a_2&b_2&-a_2+2b_2\\a_3&a_3&b_3&-a_3+2b_3\end{pmatrix}$

6.9 (1) $\Longrightarrow$ (2)：$f(\boldsymbol{x})=\boldsymbol{o}\,(=f(\boldsymbol{o}))$ ならば $\boldsymbol{x}=\boldsymbol{o}$ より．
(2) $\Longrightarrow$ (1)：$f(\boldsymbol{x})=f(\boldsymbol{y})$ ならば $f(\boldsymbol{x}-\boldsymbol{y})=f(\boldsymbol{x})-f(\boldsymbol{y})=\boldsymbol{o}$ より $\boldsymbol{x}-\boldsymbol{y}\in\mathrm{Ker}\,f=\{\boldsymbol{o}\}$．よって，$\boldsymbol{x}=\boldsymbol{y}$．

6.10 次元定理と前問を用いると，f：全射 $\Longleftrightarrow \dim(\mathrm{Im}\,f)=n \Longleftrightarrow \dim(\mathrm{Ker}\,f)=0 \Longleftrightarrow \mathrm{Ker}\,f=\{\boldsymbol{o}\} \Longleftrightarrow f$：単射．

7.1 $a=\pm1$，$b=\sqrt{3}$

7.2 (2) 両辺を2乗して比較する．三角不等式の証明と同様．

7.3 $a=\dfrac{1}{4}$，$b=1$，$c=-\dfrac{1}{4}$

7.4 基本ベクトル $\boldsymbol{e}_i$ $(1\leqq i\leqq n)$ に対し，$a_i=f(\boldsymbol{e}_i)$ のとき $\boldsymbol{a}=(a_i)$ とおけばよい．

7.5 $\boldsymbol{a}=-\dfrac{4}{3}\boldsymbol{a}_1+\dfrac{9}{14}\boldsymbol{a}_2+\dfrac{11}{42}\boldsymbol{a}_3$

7.6 $\sqrt{\dfrac{n(n+1)}{2}}$

7.8 (1) $\dfrac{1}{\sqrt{5}}\begin{pmatrix}2\\1\end{pmatrix}, \dfrac{1}{\sqrt{5}}\begin{pmatrix}-1\\2\end{pmatrix}$ (2) $\dfrac{1}{\sqrt{6}}\begin{pmatrix}1\\2\\-1\end{pmatrix}, \dfrac{1}{\sqrt{2}}\begin{pmatrix}1\\0\\1\end{pmatrix}, \dfrac{1}{\sqrt{3}}\begin{pmatrix}1\\-1\\-1\end{pmatrix}$

(3) $\dfrac{1}{2}\begin{pmatrix}1\\1\\1\\1\end{pmatrix}, \dfrac{1}{2}\begin{pmatrix}1\\-1\\-1\\1\end{pmatrix}, \dfrac{1}{\sqrt{10}}\begin{pmatrix}1\\2\\-2\\-1\end{pmatrix}$

7.9 $\boldsymbol{a}$ を含む正規直交基底を求めて列ベクトルとすればよい．たとえば，$\boldsymbol{R}^3$ の基底として $\{\boldsymbol{a}, \boldsymbol{e}_1, \boldsymbol{e}_2\}$ をとり，シュミットの直交化法を用いる．このとき

$\begin{pmatrix} 2/3 & 5/3\sqrt{5} & 0 \\ 2/3 & -4/3\sqrt{5} & 1/\sqrt{5} \\ 1/3 & -2/3\sqrt{5} & -2/\sqrt{5} \end{pmatrix}$ が直交行列になっている．

7.10 （1），（2）は，${}^t(AB) = {}^tB\,{}^tA$，${}^t({}^tA) = A$ を用いれば示せる．

（2）は，${}^t\begin{pmatrix} A & O \\ O & B \end{pmatrix} = \begin{pmatrix} {}^tA & O \\ O & {}^tB \end{pmatrix}$ を用いれば示せる．

7.11 （1） $a = b = c = \dfrac{1}{\sqrt{2}}$

（2） $a = 0$，$b = \dfrac{1}{\sqrt{3}}$，$c = -\dfrac{1}{\sqrt{6}}$，$d = \dfrac{2}{\sqrt{6}}$

7.12 （2） $f(\boldsymbol{a}_1) = -\boldsymbol{a}_1$，$f(\boldsymbol{a}_i) = \boldsymbol{a}_i$ $(2 \leqq i \leqq n)$

（3） $\dfrac{1}{7}\begin{pmatrix} 6 & -2 & -3 \\ -2 & 3 & -6 \\ -3 & -6 & -2 \end{pmatrix}$

7.13 （1） $\left\{\begin{pmatrix} 2 \\ 1 \\ 0 \\ 0 \end{pmatrix}, \begin{pmatrix} 3 \\ 0 \\ 1 \\ 0 \end{pmatrix}, \begin{pmatrix} -1 \\ 0 \\ 0 \\ 1 \end{pmatrix}\right\}$ （2） $\left\{\begin{pmatrix} 1 \\ -1 \\ 1 \\ 0 \end{pmatrix}, \begin{pmatrix} 1 \\ 1 \\ 0 \\ 1 \end{pmatrix}\right\}$ （3） $\left\{\begin{pmatrix} 0 \\ 2 \\ -1 \\ 1 \end{pmatrix}\right\}$

（4） $\left\{\begin{pmatrix} 1 \\ -2 \\ -3 \\ 1 \end{pmatrix}, \begin{pmatrix} 1 \\ -1 \\ 1 \\ 0 \end{pmatrix}, \begin{pmatrix} 1 \\ 1 \\ 0 \\ 1 \end{pmatrix}\right\}$

7.15 $\dfrac{1}{3}\begin{pmatrix} -1 \\ 1 \\ 2 \\ 0 \end{pmatrix}$

7.16 $a_1, \cdots, a_n$ の相加平均 $\dfrac{a_1 + \cdots + a_n}{n}$

7.17 （1） $x = \dfrac{7}{3}$，$y = \dfrac{4}{3}$

（2） $x = t - \dfrac{1}{4}$，$y = \dfrac{11}{12}$，$z = t$（t は任意）

8.1 （1） -2（2 重解），$V(-2) = \left\langle\begin{pmatrix} 3 \\ 1 \end{pmatrix}\right\rangle$

（2） $-1, 1, 2$，$V(-1) = \left\langle\begin{pmatrix} -1 \\ 1 \\ 2 \end{pmatrix}\right\rangle$，$V(1) = \left\langle\begin{pmatrix} -1 \\ 1 \\ 1 \end{pmatrix}\right\rangle$，$V(2) = \left\langle\begin{pmatrix} 1 \\ 0 \\ 1 \end{pmatrix}\right\rangle$

（３） 3（2 重解）, 1,　$V(3)=\left\langle\begin{pmatrix}1\\1\\0\end{pmatrix},\begin{pmatrix}2\\0\\1\end{pmatrix}\right\rangle$,　$V(1)=\left\langle\begin{pmatrix}1\\0\\1\end{pmatrix}\right\rangle$

（４） 2（3 重解）,　$V(2)=\left\langle\begin{pmatrix}-1\\-2\\1\end{pmatrix}\right\rangle$

（５） -3（3 重解）,　$V(-3)=\left\langle\begin{pmatrix}1\\0\\-1\end{pmatrix},\begin{pmatrix}0\\1\\0\end{pmatrix}\right\rangle$

8.2 $A=(\boldsymbol{a}_1\ \ \boldsymbol{a}_2\ \ \boldsymbol{a}_3)$ とすると，$|A-tE|=|\boldsymbol{a}_1-t\boldsymbol{e}_1\ \ \boldsymbol{a}_2-t\boldsymbol{e}_2\ \ \boldsymbol{a}_3-t\boldsymbol{e}_3|=$
$-t^3|\boldsymbol{e}_1\ \ \boldsymbol{e}_2\ \ \boldsymbol{e}_3|+t^2(|\boldsymbol{a}_1\ \ \boldsymbol{e}_2\ \ \boldsymbol{e}_3|+|\boldsymbol{e}_1\ \ \boldsymbol{a}_2\ \ \boldsymbol{e}_3|+|\boldsymbol{e}_1\ \ \boldsymbol{e}_2\ \ \boldsymbol{a}_3|)-t(|\boldsymbol{e}_1\ \ \boldsymbol{a}_2\ \ \boldsymbol{a}_3|$
$+|\boldsymbol{a}_1\ \ \boldsymbol{e}_2\ \ \boldsymbol{a}_3|+|\boldsymbol{a}_1\ \ \boldsymbol{a}_2\ \ \boldsymbol{e}_3|)+|\boldsymbol{a}_1\ \ \boldsymbol{a}_2\ \ \boldsymbol{a}_3|$ よりわかる．

8.3 たとえば，前問と同じ要領で定数項，t^{n-1} の係数を考えればわかる．

8.4 （１） $|A-tE|=|{}^t(A-tE)|=|{}^tA-tE|$

（２） 対偶を考える．A が正則でない $\Longleftrightarrow$ 連立 1 次方程式 $A\boldsymbol{x}=\boldsymbol{o}$ が自明でない解 $\boldsymbol{x}$ をもつ $\Longleftrightarrow$ $A\boldsymbol{x}=0\boldsymbol{x}=\boldsymbol{o}$ となる $\boldsymbol{x}\neq\boldsymbol{o}$ が存在．

（３） $A\boldsymbol{x}=\lambda\boldsymbol{x}$ $(\boldsymbol{x}\neq\boldsymbol{o})$ とすると，$\boldsymbol{x}=E\boldsymbol{x}=AA\boldsymbol{x}=A(\lambda\boldsymbol{x})=\lambda A\boldsymbol{x}=\lambda^2\boldsymbol{x}$ より $1=\lambda^2$．これより $\lambda=\pm1$.

（４） $A\boldsymbol{x}=\lambda\boldsymbol{x}$ $(\boldsymbol{x}\neq\boldsymbol{o})$ とすると，(3) と同じようにして，$A^k\boldsymbol{x}=\lambda^k\boldsymbol{x}$ がわかるので $\lambda^k=0$，すなわち $\lambda=0$.

8.5 与えられた行列を A とする．

（１） $P=\begin{pmatrix}1&1\\1&2\end{pmatrix}$ により $P^{-1}AP=\begin{pmatrix}3&0\\0&4\end{pmatrix}$

（２） 対角化できない

（３） $P=\begin{pmatrix}1&1&2\\1&-1&-1\\0&1&1\end{pmatrix}$ により $P^{-1}AP=\begin{pmatrix}2&0&0\\0&3&0\\0&0&4\end{pmatrix}$

（４） 対角化できない

（５） $P=\begin{pmatrix}1&1&1\\1&0&1\\0&1&-1\end{pmatrix}$ により $P^{-1}AP=\begin{pmatrix}-3&0&0\\0&-3&0\\0&0&1\end{pmatrix}$

8.6 （１） $a\neq b$，または $a=b$ かつ $c=0$

（２） $a\neq b$ のとき $c=0$，$a=b$ のとき $c=d=e=0$

8.7 問題 8.4 (4) より A の固有値は 0 のみ．もし対角化できれば対角成分に 0 が並び，$P^{-1}AP=O$ となり，$A=O$.

8.8 （１） $\begin{pmatrix}-2^n+2\cdot3^n & 2^{n+1}-2\cdot3^n\\ -2^n+3^n & 2^{n+1}-3^n\end{pmatrix}$

（2）$\begin{pmatrix} 3^n & 2-2\cdot3^n & 1-3^n \\ -1+3^n & 3-2\cdot3^n & 1-3^n \\ 2-2\cdot3^n & -4+4\cdot3^n & -1+2\cdot3^n \end{pmatrix}$

8.9 $\lambda_1, \cdots, \lambda_n$ を重複を込めた A の固有値全体とする．ある n 次正則行列 P により $P^{-1}AP = \begin{pmatrix} \lambda_1 & & \\ & \ddots & \\ & & \lambda_n \end{pmatrix}$ と対角化される．各 λ_i はある α_j に等しく，

$$P^{-1}(A-\alpha_j E)P = P^{-1}AP - \alpha_j E = \begin{pmatrix} \lambda_1-\alpha_j & & \\ & \ddots & \\ & & \lambda_n-\alpha_j \end{pmatrix}$$

の第 i 行の成分はすべて 0 である．よって $P^{-1}(A-\alpha_1 E)P \cdots P^{-1}(A-\alpha_r E)P = O$ が導かれる．したがって $P^{-1}(A-\alpha_1 E)(A-\alpha_2 E)\cdots(A-\alpha_r E)P = O$ となって，求める結果が得られる．

8.10 （1） 固有値は $0, 1, 2$；剰余は $(2^{n-1}-1)t^2+(2-2^{n-1})t$

（2）$\begin{pmatrix} 1-2^n & 1+2^n & 1 \\ 1-2^{n+1} & 1+2^{n+1} & 1 \\ -1+3\cdot2^n & -1-3\cdot2^n & -1 \end{pmatrix}$

8.11 たとえば，$P = \begin{pmatrix} 3 & 1 \\ 2 & 1 \end{pmatrix}$ により $P^{-1}AP = \begin{pmatrix} 3 & 0 \\ 0 & -1 \end{pmatrix}$ と対角化される．$x^2-2x = 3$ の解の 1 つ 3 と，$x^2-2x = -1$ の解 1 をとり，$X = P\begin{pmatrix} 3 & 0 \\ 0 & 1 \end{pmatrix}P^{-1} = \begin{pmatrix} 7 & -6 \\ 4 & -3 \end{pmatrix}$ とおけば，$X^2-2X = A$ をみたすことがわかる．

8.12 与えられた行列を A，対角化に用いる直交行列を P で表す．（P のとり方は 1 通りではない．）

（1）$P = \dfrac{1}{\sqrt{10}}\begin{pmatrix} 1 & 3 \\ -3 & 1 \end{pmatrix}$ により，${}^tPAP = \begin{pmatrix} -4 & 0 \\ 0 & 6 \end{pmatrix}$

（2）$P = \begin{pmatrix} 0 & 2/\sqrt{6} & 1/\sqrt{3} \\ -1/\sqrt{2} & 1/\sqrt{6} & -1/\sqrt{3} \\ 1/\sqrt{2} & 1/\sqrt{6} & -1/\sqrt{3} \end{pmatrix}$ により，${}^tPAP = \begin{pmatrix} -1 & 0 & 0 \\ 0 & 1 & 0 \\ 0 & 0 & 4 \end{pmatrix}$

（3）$P = \begin{pmatrix} 1/\sqrt{2} & 1/\sqrt{3} & 1/\sqrt{6} \\ 0 & 1/\sqrt{3} & -2/\sqrt{6} \\ -1/\sqrt{2} & 1/\sqrt{3} & 1/\sqrt{6} \end{pmatrix}$ により，${}^tPAP = \begin{pmatrix} -1 & 0 & 0 \\ 0 & -1 & 0 \\ 0 & 0 & 11 \end{pmatrix}$

8.13 （1）$\begin{pmatrix} x_1 \\ x_2 \end{pmatrix} = \begin{pmatrix} 1/\sqrt{2} & 1/\sqrt{2} \\ -1/\sqrt{2} & 1/\sqrt{2} \end{pmatrix}\begin{pmatrix} y_1 \\ y_2 \end{pmatrix}$ により，$7{y_1}^2-{y_2}^2$

(2) $\begin{pmatrix} x_1 \\ x_2 \\ x_3 \end{pmatrix} = \begin{pmatrix} 1/\sqrt{2} & 1/3\sqrt{2} & 2/3 \\ 0 & -4/3\sqrt{2} & 1/3 \\ -1/\sqrt{2} & 1/3\sqrt{2} & 2/3 \end{pmatrix} \begin{pmatrix} y_1 \\ y_2 \\ y_3 \end{pmatrix}$ により，${y_1}^2 - {y_2}^2 + 8{y_3}^2$

(3) $\begin{pmatrix} x_1 \\ x_2 \\ x_3 \end{pmatrix} = \begin{pmatrix} 1/\sqrt{3} & -1/\sqrt{2} & -1/\sqrt{6} \\ 1/\sqrt{3} & 1/\sqrt{2} & -1/\sqrt{6} \\ 1/\sqrt{3} & 0 & 2/\sqrt{6} \end{pmatrix} \begin{pmatrix} y_1 \\ y_2 \\ y_3 \end{pmatrix}$ により，$2{y_1}^2 - {y_2}^2 - {y_3}^2$

8.14 (1) $-\dfrac{1}{\sqrt{2}} < a < \dfrac{1}{\sqrt{2}}$ (2) $-1 < a < 2$

8.15 A の固有値 $\lambda_1, \cdots, \lambda_n$ の最大値を M，最小値を m とする．ある直交行列 P と $\boldsymbol{x} = P\boldsymbol{y}$ により $q(\boldsymbol{x}) = \lambda_1 {y_1}^2 + \cdots + \lambda_n {y_n}^2$ となるので，$m({y_1}^2 + \cdots + {y_n}^2) \leqq q(\boldsymbol{x}) \leqq M({y_1}^2 + \cdots + {y_n}^2)$ である．$\|\boldsymbol{y}\|^2 = \|{}^tP\boldsymbol{x}\|^2 = \|\boldsymbol{x}\|^2 = 1$ より $m \leqq q(\boldsymbol{x}) \leqq M$ である．M, m に対する長さ 1 の固有ベクトル $\boldsymbol{x}$ において，$q(\boldsymbol{x})$ はそれぞれ最大値，最小値をとる．

8.16 最大値 5 ($(x_1, x_2, x_3) = \left(\dfrac{1}{\sqrt{3}}, \dfrac{1}{\sqrt{3}}, \dfrac{1}{\sqrt{3}}\right)$，$\left(-\dfrac{1}{\sqrt{3}}, -\dfrac{1}{\sqrt{3}}, -\dfrac{1}{\sqrt{3}}\right)$ において)，最小値 2（平面 $x_1 + x_2 + x_3 = 0$ 上の原点中心，半径 1 の円周上において）

索　引

著者略歴

池 田 敏 春

1977 年　大阪大学理学部数学科卒業
1979 年　広島大学大学院理学研究科修士課程修了
現　在　九州工業大学名誉教授　理学博士

基礎から 線形代数

2002 年 11 月 20 日　第 1 版　第 1 刷　発行
2025 年 2 月 10 日　第 1 版　第 18 刷　発行

著　者　池 田 敏 春
発行者　発 田 和 子
発行所　株式会社 学術図書出版社
〒113-0033 東京都文京区本郷 5-4-6
電話 03-3811-0889　振替 00110-4-28454
印刷　三美印刷（株）

定価はカバーに表示してあります.

ISBN978-4-87361-251-5